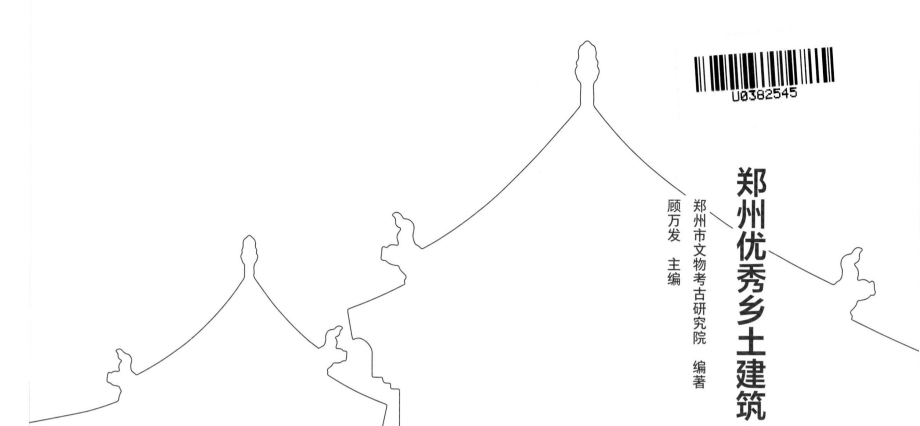

郑州优秀乡土建筑

郑州市文物考古研究院 编著

顾万发 主编

科 学 出 版 社

北 京

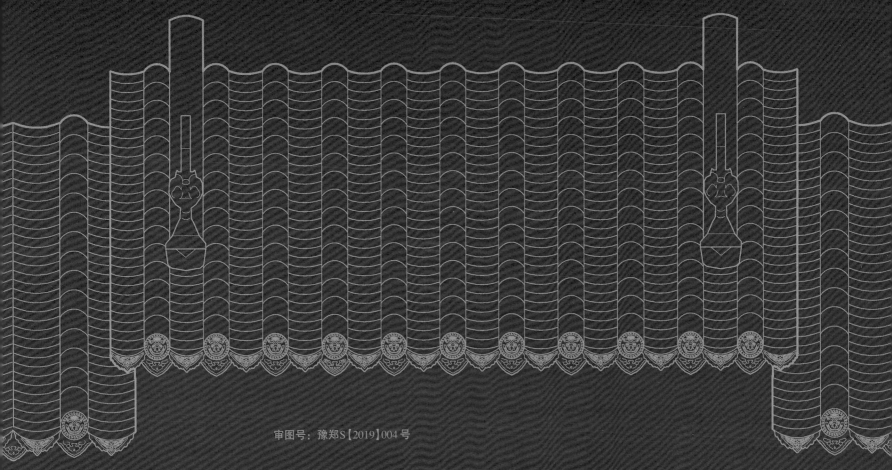

审图号：豫郑S【2019】004号

图书在版编目（CIP）数据

郑州优秀乡土建筑 / 郑州市文物考古研究院编著. – 北京：科学出版社, 2019.10
ISBN 978-7-03-061640-1

Ⅰ．①郑… Ⅱ．①郑… Ⅲ．①乡村 – 建筑艺术 – 郑州 Ⅳ．①TU-862

中国版本图书馆CIP数据核字（2019）第115061号

责任编辑：张亚娜　张睿洋 / 责任校对：邹慧卿
责任印制：肖　兴 / 书籍设计：北京美光设计制版有限公司

科 学 出 版 社 出版
北京东黄城根北街16号
邮政编码：100717
http://www.sciencep.com

北京华联印刷有限公司 印刷
科学出版社发行　各地新华书店经销

＊

2019年10月第 一 版　开本：889×1194　1/12
2019年10月第一次印刷　印张：28 1/3

字数：410 000

定价：498.00元

（如有印装质量问题，我社负责调换）

前 言

乡土建筑是村民自发建造的传统建筑，与民众的生产生活密切相关的建筑都可包括在内。主要特点在于自发性、朴素性和明显的地域性。除民居外，村镇中的公共建筑和设施都应涵盖在内，例如祠堂、书院、戏台、商铺、作坊、牌坊、桥梁等。

郑州地区的乡土建筑遗存数量已经很少了，在时光变幻的历程中，现仅有 600 余处。在具体类型上，民间住宅包括普通百姓、达官贵人和名人商贾的居所，公共建筑则包括衙门、祠堂、牌坊、街屋、作坊、医院、陵园、车站、教堂等。这些乡土建筑多建造于清末民初时期，少量可达明代。它们主要是自发建造，一般地处山麓或河流两侧，选址高度符合中国传统建筑的环境文化。

从建筑整体上看，这类建筑布局多采用中国传统的合院式，建筑形式为单层、二层，甚至三层的硬山灰瓦顶式，整体结构严谨，用材合理。在结构和材料方面，除了大量的砖木结构建筑、砖石结构建筑外，还存在着很多窑洞、土坯建筑、夯土墙和草泥垛墙建筑等，构筑方法多为石砌、青砖垒砌和夯土。在建筑装饰艺术方面，乡土建筑综合了石雕、砖雕、木雕、壁画、彩绘等艺术形式，将人们的美好祝愿和向往融合在一起，增加了建筑美感。另外，在荥阳西南地区和巩义局部地区，还保存有清代以来的地坑院。

乡土建筑里的康百万庄园、刘镇华庄园、张祜庄园是豫中地区民众为了适应地理、气候及经济条件而建造的窑洞式住宅的代表，刘镇华庄园、张祜庄园又是融西方建筑与中原传统民居为一体的地主庄园，也是中原地区近代优秀建筑和北方山水园林建筑的代表。

郑州地区现存民居建筑中最早的兴建于明代，其他大多建于清乾隆年间，均为"前客厅，后楼院"的四合院布局，建筑结构、营造技术完全体现了豫中地区传统民居的特点。其中，崔氏祠堂修建于明万历年间（1573-1620 年），雕饰精美，做工考究，与其是由皇家工匠设计的原因有关。

油坊村保存有集中成片分布的乡土建筑，其中包括家庙、民居、古树、古井等。另有具民居特征的革命旧址类遗存。

柏石崖村也是保存有一处保存较为完整的古村落，其依山而建，村民逐水而居，村内古树、石桥、老河道依然留存，石头土坯砖混建筑集中成片分布，传统格局保留相当完整。该村是全国 19 个抗日根据地核心腹地之一，村内至今保留有八路军后方医院旧址，其以村内河道为界分为东西两部分，现存窑洞 25 孔，建筑 50 余座。

　　大金店老街自古是通往汝州、伊川、登封、禹州的交通枢纽，明清至民国时期，是登封地区最大的集镇之一，俗称"小洛阳""小上海"。街道走向呈 S 形，老街布局和肌理保留较好，商铺成带状分布于老街两侧，商铺后即为合院式的民居。现存建筑多为清末至民国时期建造，有庙宇、戏台、商铺、民居、革命旧址、祠堂、作坊等多类建筑。其建筑结构、形制和建造技术较为完整地反映了当时的地域和时代特色，在中原地区非常少见。

　　总之，郑州地区的乡土建筑整体风格在历史发展中所形成的地域、政治、经济、文化影响下，表现出其独特的地域风格。建筑形态与院落布局舒缓、不拘谨，用料朴素，以土、木为主，崇尚自然，结构、空间真实反映本身特征而不造作，构件造型质朴，细部装修与装饰意境崇尚高雅，色彩淡雅，体现出豫中地区特有的地域风格与文化品位。这些珍贵的乡土建筑，拥有古意、质朴、斑驳的气质，连同其自然和文化的背景，构成了一种特殊的生活、艺术甚至是神圣的空间，它是一段段时光的记忆载体，更是一代代生命守望过去的内心永恒的依托！

顾万发

2018 年 5 月 25 日

目　录

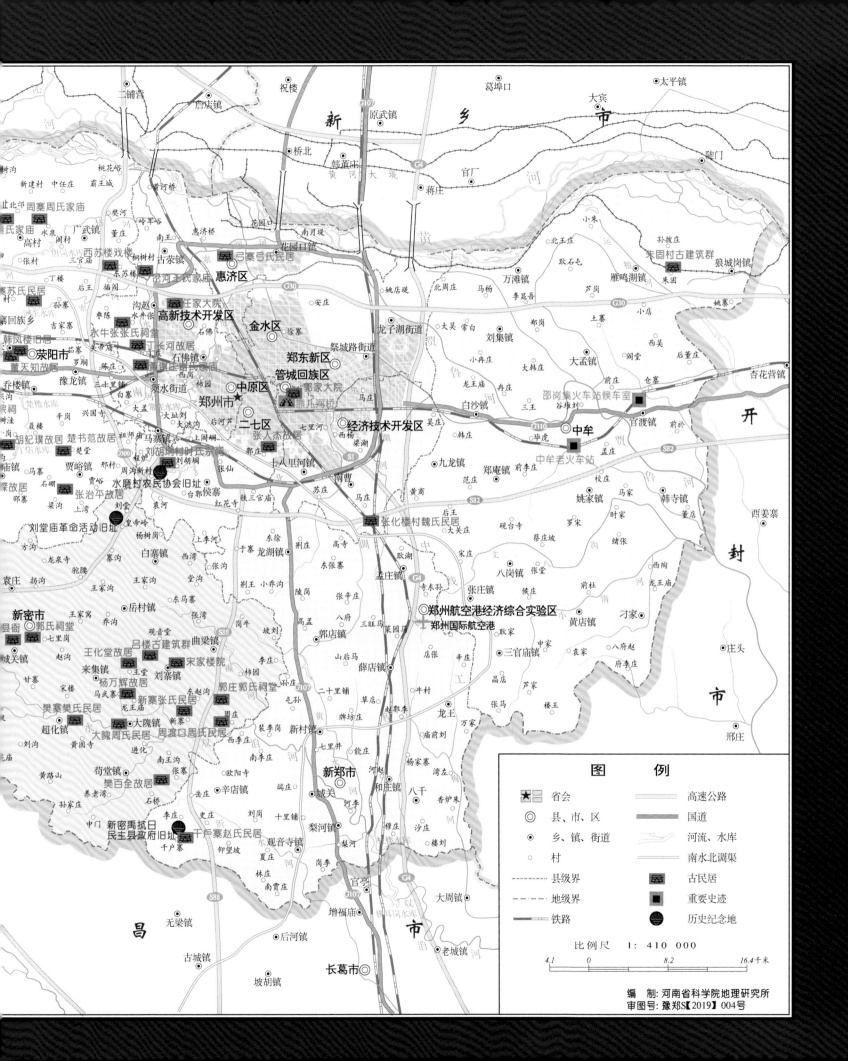

图 例

★ 省会　　　　　高速公路
◎ 县、市、区　　　国道
⊙ 乡、镇、街道　　河流、水库
○ 村　　　　　　　南水北调渠
　　　　　　　　　
县级界　　　　　古民居
地级界　　　　　重要史迹
铁路　　　　　　历史纪念地

比例尺 1：410 000

4.1　0　　　8.2　　　16.4千米

编　制：河南省科学院地理研究所
审图号：豫郑S【2019】004号

祠庄
堂园

01

康百万庄园

康百万庄园，位于巩义市（原巩县）康店镇，始建于明末清初，是一处典型的17、18世纪封建堡垒式建筑。由康氏家族第六代先祖康绍敬创建，康家十二代庄园主康大勇于乾隆初年大建。"康百万"是明清以来对康氏家族的统称，因慈禧太后的赐封而得名。

庄园分为主宅区、祠堂区、作坊区、栈房区、南大院等十余部分。以坐落在邙岭山腰的主宅区为中心，扇形往东发展，靠崖筑窑洞，四周修寨墙，濒河设码头，计有33个院落，53座楼房，1300多间房舍和73孔窑洞，总建筑面积6.43万平方米。庄园依山傍水，错落有致，布局严谨，规模宏大，是一座集"古、大、雅、美"于一体的恢弘建筑群。

庄园保留有很多精致的雕刻，石雕、砖雕、木雕不同种类的作品，设计新颖，风格各异，内容丰富多彩、包罗万象。庄园内保存着一张精雕细刻的红木雕顶子床，据传是工匠们花费了1700多个工作日雕刻而成，其雕刻细致入微，纹饰繁缛，显示了古代工匠的非凡才智和精湛技艺。

庄园内还保存有碑刻、牌匾、家具、古玩、书画、器皿、衣帽等历史文物3000余件，对于研究明清文化、民间风俗、古代建筑等都具有极高的价值。其中悬挂于康百万庄园主宅一院过厅内的"留余"牌匾，造型独特，形似一面展开的上凹下凸型旗帜，长1.65米，宽0.75米，为黄杨木雕刻而成，是康家教育子弟的家训匾，也是康百万庄园珍藏的中华名匾之一。

近些年来，各级政府不断加大对庄园的保护力度，逐步对庄园建筑进行修复，力图展示"明时楼院清时廊"的恢弘原貌。

2001年6月，被公布为全国重点文物保护单位。

庄园入口

康百万庄园俯瞰

主宅区寨门

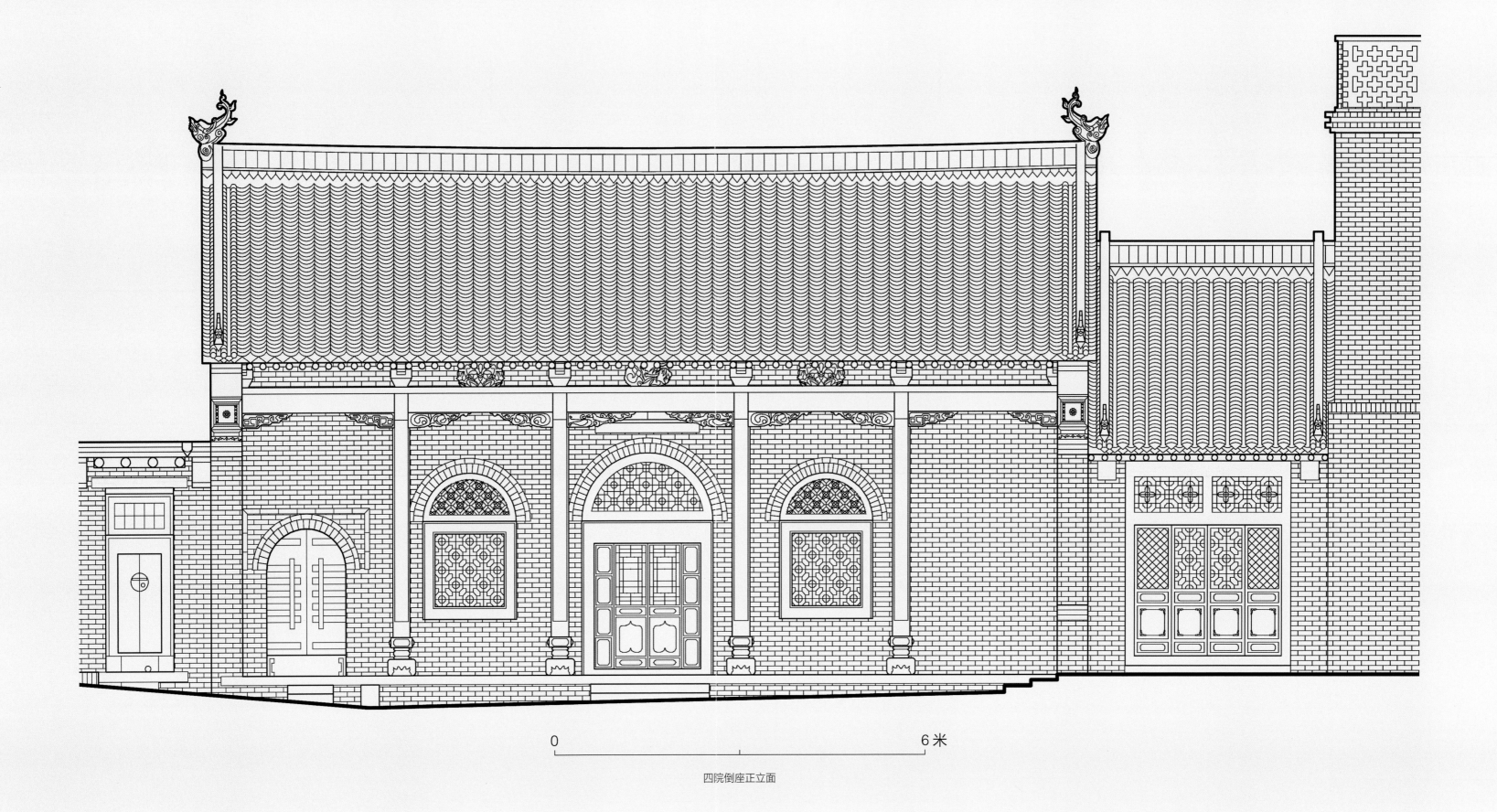

0　　　　　　　　　　　　6米

四院倒座正立面

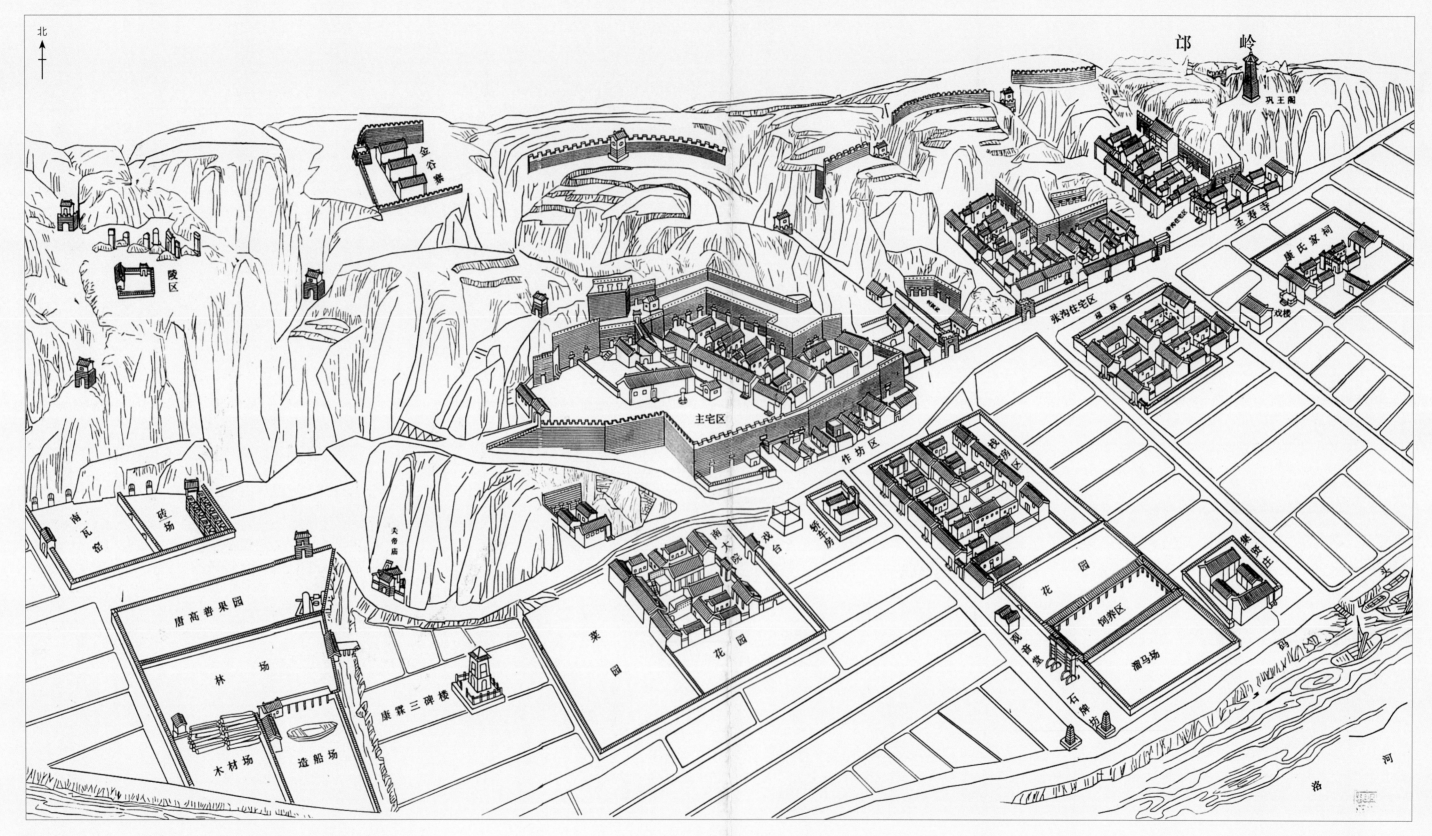

北

邙岭

巩王阁

金谷寨

陵区

张沟住宅区

主宅区

作坊区

名宅区

天帝庙

新庄场

康氏家祠

戏楼

硝场

南瓦窑

唐高善果园

康氏三碑楼

花园

菜园

花园

饲养区

康宅庄

栈房区

石寨场

跑马场

林场

木材场

造船场

码头

洛河

康百万庄园分布示意图

主宅区俯瞰

1 一院前院

2 一院过厅内景

3 "留余"匾

"留余"匾

　　留耕道人《四留铭》云："留有余，不尽之巧以还造化；留有余，不尽之禄以还朝廷；留有余，不尽之财以还百姓；留有余，不尽之福以还子孙。"盖造物忌盈，事太尽，未有不贻后悔者。高景逸所云："临事让人一步，自有余地；临财放宽一分，自有余味。"推之，凡事皆然。坦园老伯以"留余"二字颜其堂，盖取留耕道人之铭，以示其子孙者。为题数语，并取夏峰先生训其诸子之词，以括之曰："若辈知昌家之道乎？留余忌尽而已。"

　　时同治辛未端月朔，愚侄牛瑄敬题。

① **②**

③

1　一院"花楼重辉"门楼

2　二院"福"字影壁

3　红木雕顶子床

1 二院外景

2 三院"克慎厥猷"门楼

3 三院垂脊兽

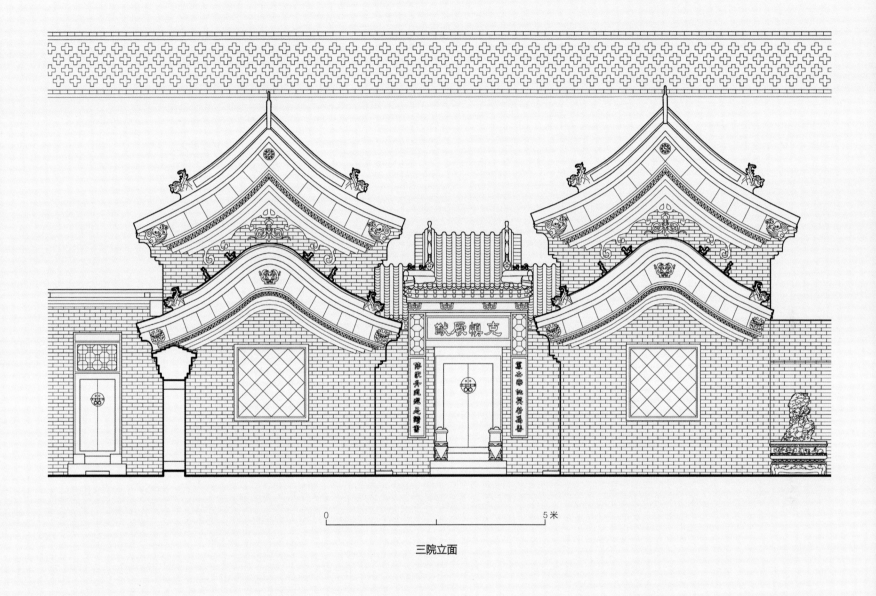

三院立面

0　　　　　　　　5米

1　檐板木雕

2　木雕雀替

3　"功垂桑梓"碑

1　2　南大院

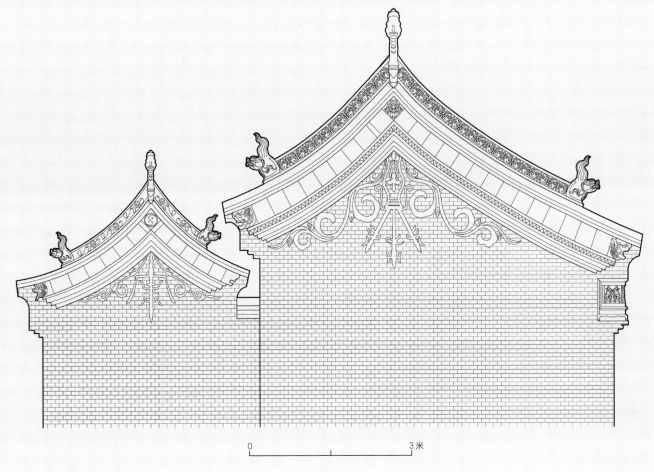

0 _____ 3 米

南大院厢房侧立面

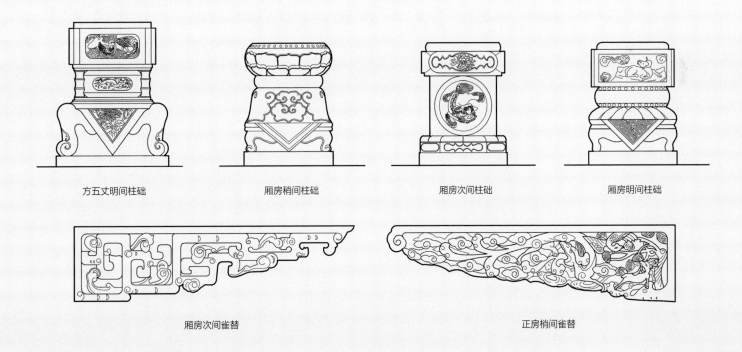

方五丈明间柱础　　　　　厢房稍间柱础　　　　　厢房次间柱础　　　　　厢房明间柱础

厢房次间雀替　　　　　　　　　　　正房梢间雀替

柱础、雀替

刘镇华庄园

刘镇华庄园位于巩义市河洛镇神北村，坐落在神都山南麓。庄园前为花园，后为主宅区，两侧设寨门，建筑规模宏伟壮观，富丽豪华。

庄园坐北朝南，分为三层，由花园、祠堂、上院、南院、北院5个部分组成，现存石砌窑洞30孔，楼房210间，平房30间，总面积达1万余平方米。主宅区建在神都山山腰，周围寨墙由红岩石砌筑，分上、下两部分。上院现存石砌窑洞8孔、楼房2栋，皆为砖木结构。寨下住宅分东、西两个院落。东院现存红石砌筑窑洞8孔、临街小瓦房5间。西院现存窑洞4孔、东西厢房4间、临街房1栋，其中东西两厢房为两层楼房，硬山式砖木结构，为中西结合建筑风格。山顶原有碉堡一座，制高守险，20世纪50年代被毁。

下院胡同南边为刘家花园，居中建有一座大楼，俗称"仿重庆大厦"，楼房坐北朝南，是一座中西结合、恢弘壮丽的建筑。楼内设客厅、卧室、舞厅、书房、浴室等。

刘家祠堂位于主宅区东南约200米处，为二进式四合院，现存临街房、厢房、过厅、后厢房、大殿等建筑，均为二层砖木结构硬山式建筑。

该庄园规模宏大，层次分明，布局有序，体现了中国传统建筑理念；在建筑上富有特点，整体建筑风格中西结合，各项生活设施齐全，是一座花园城堡式庄园。

2013年3月，被公布为全国重点文物保护单位。

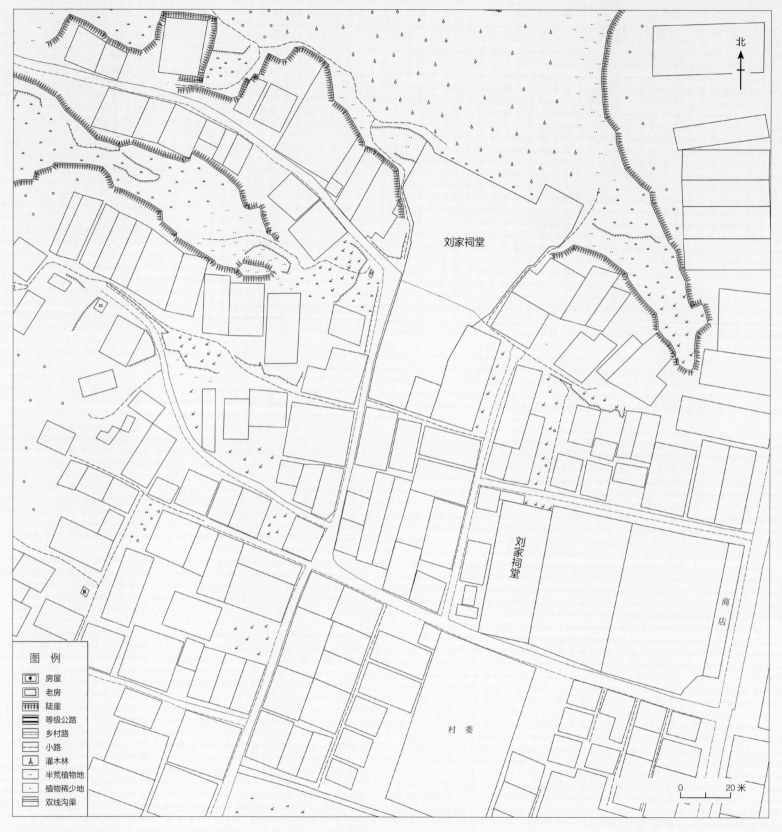

刘家祠堂

刘家祠堂

商店

村委

北

0　　　　20 米

刘镇华庄园周边环境

❶

❷ ❸

1　大厦正面

2　大厦俯瞰

3　大厦侧面

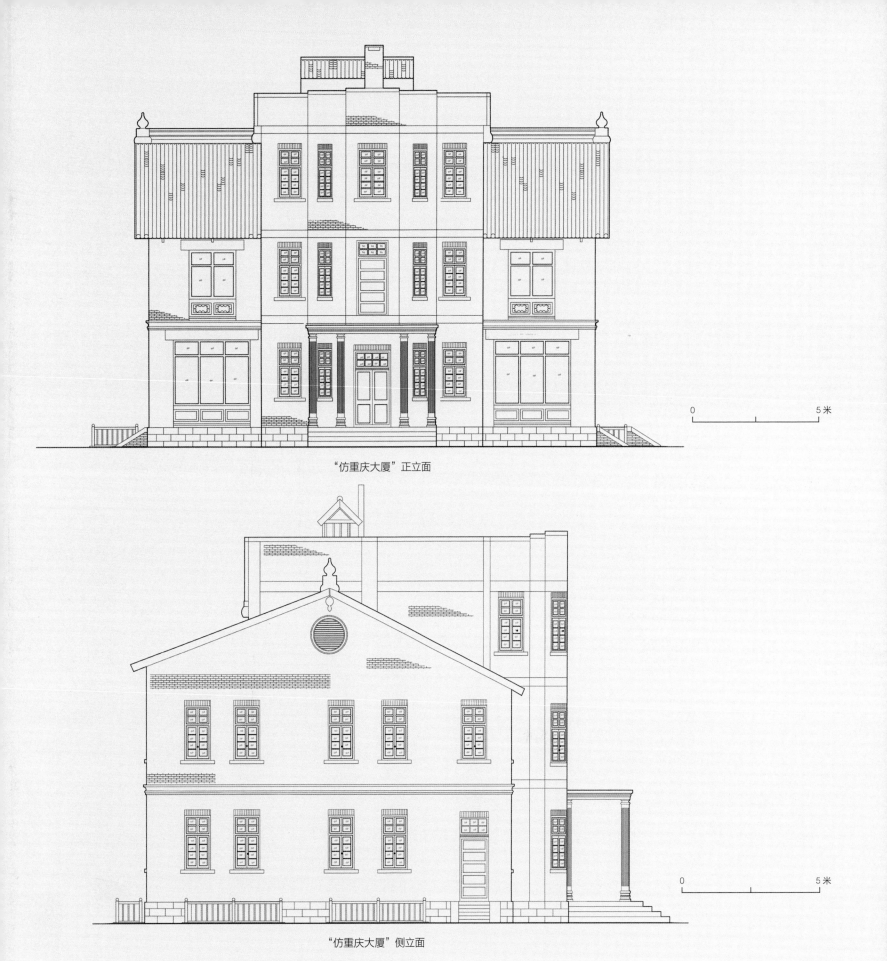

"仿重庆大厦"正立面

"仿重庆大厦"侧立面

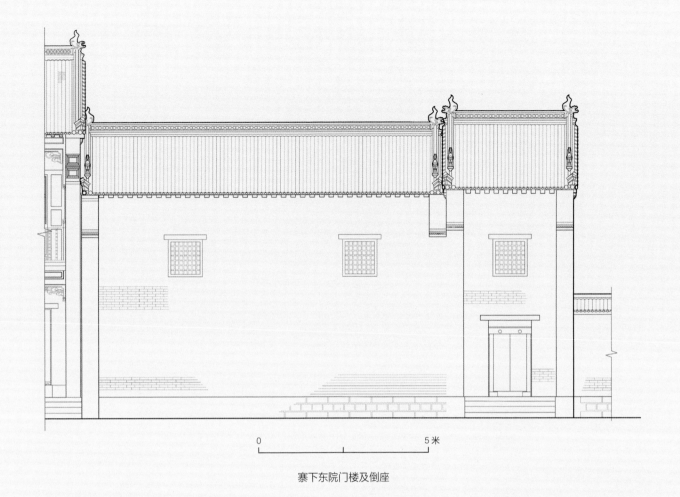

0   5米

寨下东院门楼及倒座

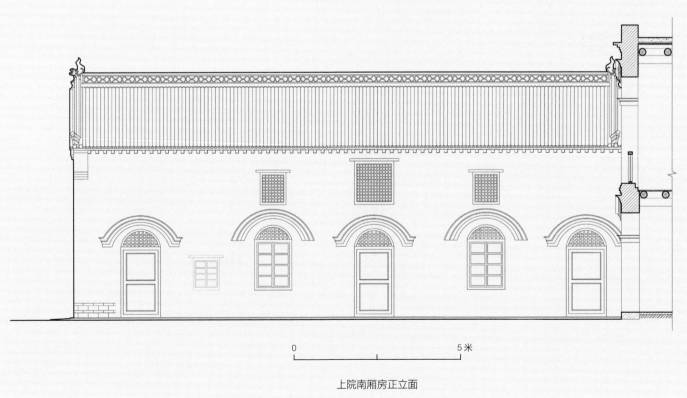

0   5米

上院南厢房正立面

上院二层楼正面

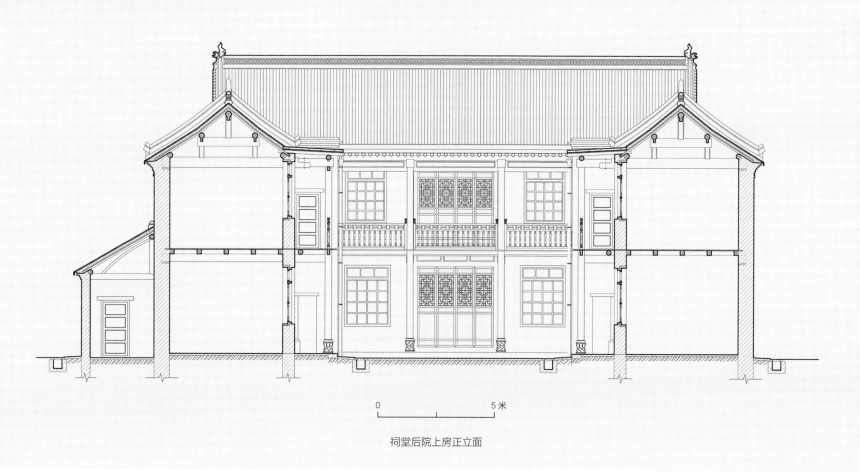

0　　　　　5米

祠堂后院上房正立面

张祜庄园

张祜庄园，又名"柏茂庄园"，位于巩义市新中镇新中村琉璃庙沟，始建于清朝末年。建筑群自南向北依次分为柏茂园、柏茂仁、柏茂信、柏茂永、柏茂和、柏茂恒六个大宅院，现存院落13处，楼房80余间，窑30余孔。

庄园依山筑窑洞，临街盖楼房，四周修寨墙，集农、官、商风格为一体。其中"柏茂园"非常壮观，含6处院落。一、二号院为二进式四合院，主体建筑为三座庑顶式楼房，砖木结构，歇山抹角，四坡七脊，筒瓦覆顶。中间楼房共用，其前后墙壁有门有窗，可相互走动。每座楼西侧依山面建三层窑楼，每层窑楼砖券三孔窑洞，第一层楼房和窑洞均出檐2米，檐下置石柱，石柱上雕刻文字、花卉和人物图案。第二、三层窑洞为安置阳台，均依次后退3米。三层窑洞之间有砖砌耳道相通，上下窑洞间有砖砌台阶相连，迂回曲折。

庄园规模宏大，整体格局保存较好，建筑布局既保留了北方四合院的形式，又吸收了园林和军事堡垒建筑的特点。庄园内的亭、台、楼、阁、木雕、石刻艺术精湛，特别是镌刻于廊柱上的格言和警句。

豫西抗日纪念馆，就坐落于张祜庄园内，是目前唯一全面反映豫西抗日战争历史的专题纪念馆，是河南省及郑州市重要的爱国主义教育场所。

2013年5月，被公布为全国重点文物保护单位。

张祜庄园俯瞰

北

图例
房屋	
老房	
陡崖	
等级公路	
乡村路	
小路	
灌木林	
半荒植物地	
植物稀少地	
双线沟渠	

十三号院
十二号院
十一号院
十号院
九号院
八号院
七号院
六号院
五号院
四号院
三号院
二号院
一号院

张祜庄园

0   40 米

张祜庄园周边环境

1　一、二号院东立面

2　中楼

① ②
③
④

1　一号院仪门

2　一号院南楼

3　花窗

4　柱础石

1 三号院门楼

2 巡更台

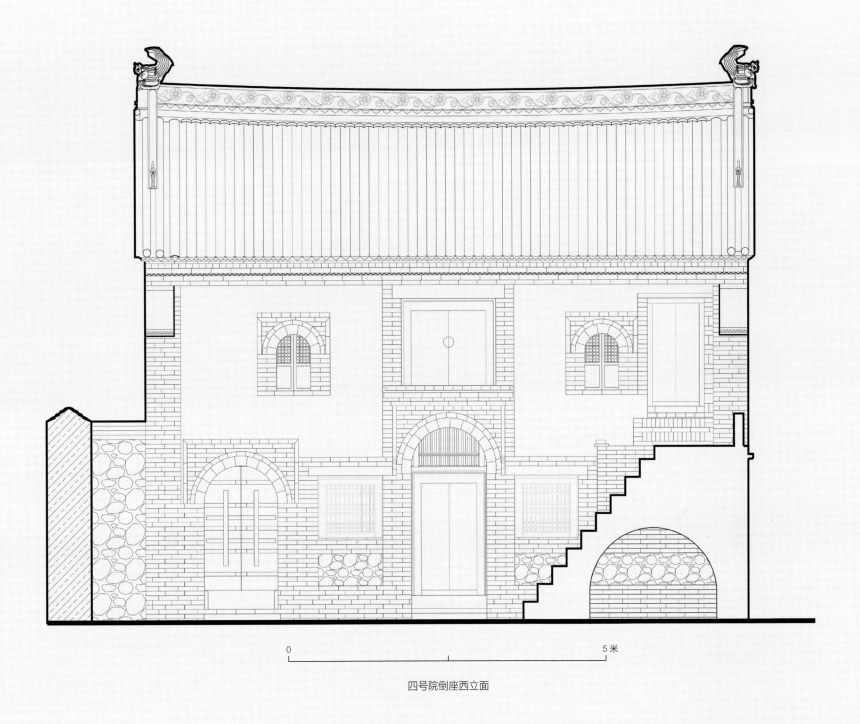

四号院倒座西立面

0　　　　　　　　　　　　5米

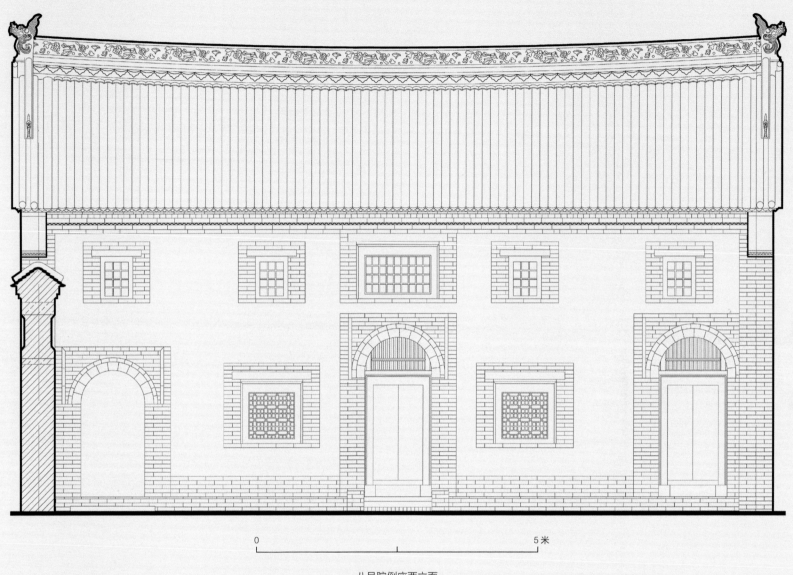

八号院倒座西立面

0   5米

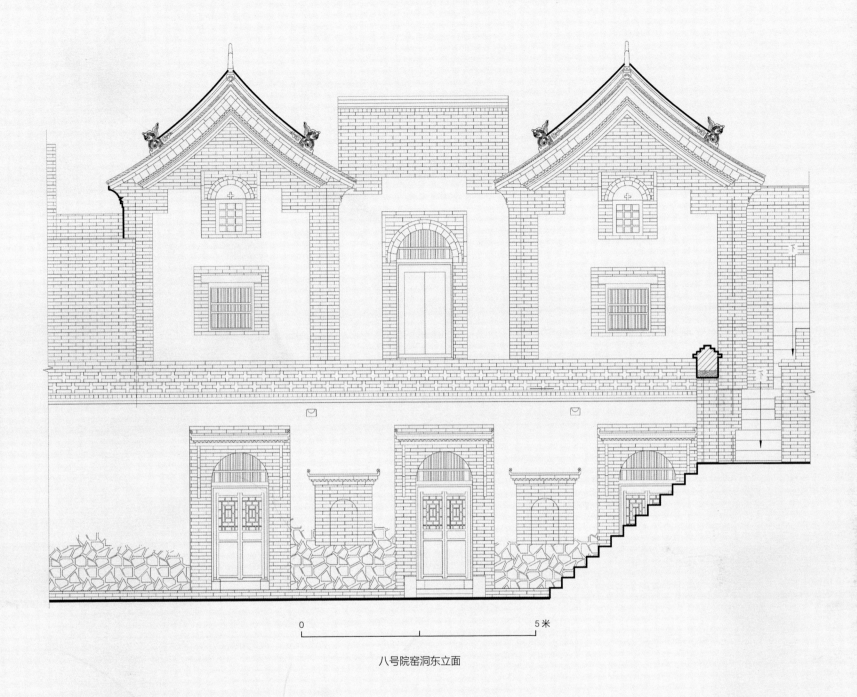

八号院窑洞东立面

0　　　　　　　　　　　5米

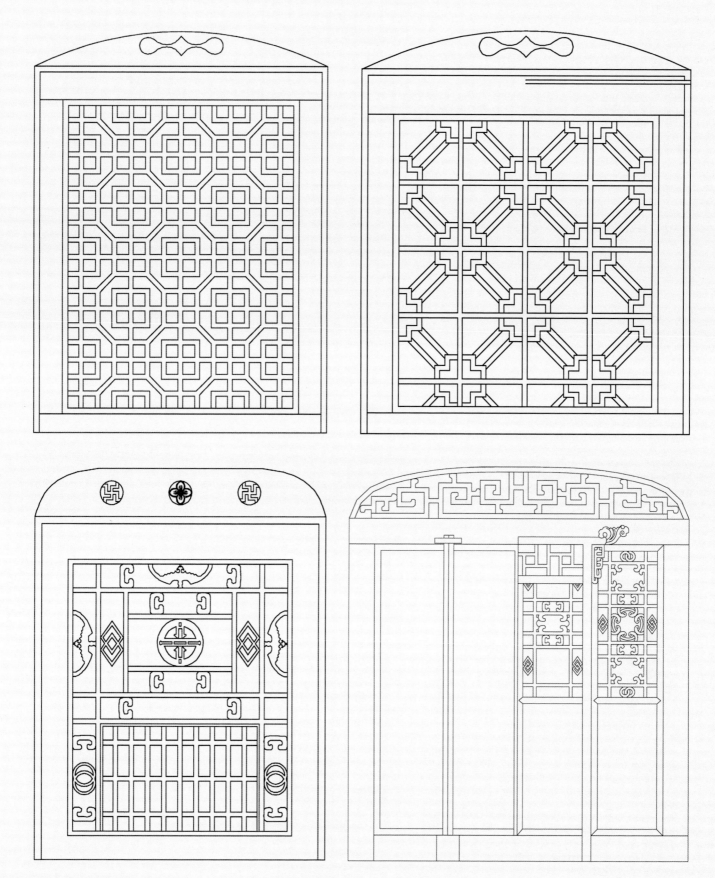

建筑花窗

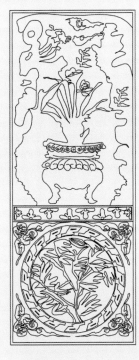

建筑砖雕

泰茂庄园

　　泰茂庄园位于巩义市新中镇灵官殿村，由清代张书泰建造。据当地老百姓讲，张书泰家族因牧养而发迹，建此庄园。抗日战争时期，豫西独立抗日支队司令员皮定均曾在此办公居住。

　　庄园坐西北朝东南，依山就势而建，共分六层院落，其建筑规模宏大，布局合理，结构巧妙，保存较好。庄园东西宽50米，南北长200米，总面积约1万平方米，现存房屋40间，窑洞45孔。每层院落之间有暗道相通，像一座坚固的城堡。山崖、房屋、窑洞、庭院、树木互相映衬，错落有致，紧凑和谐，天成一体。

　　在庄园西200米处的张氏祠堂，存有一方"创建张氏祠堂碑序"，详细记载了祠堂的创建原因及张氏后裔的分布繁衍情况。

　　2008年6月，被公布为河南省文物保护单位。

泰茂庄园建筑群

图 例

现庄园区域
原庄园建筑
窑洞位置
须修缮建筑
须拆除建筑
须保留的后期建筑
原庄园各层上下通道位置
入口

比例：1：500

村主干道

民居

菜地
菜地

菜地

六层

五层

民居

西院 四层 中院 东院

四层

三层

二层

一层

民居

民居

民居

民居

西院 中院 东院

民居

民居

民居

民居

民居

民居

拆塌房屋

菜地

村主干道

泰茂庄园周边环境

1 2 3 4 5　庄园建筑

6　巷道

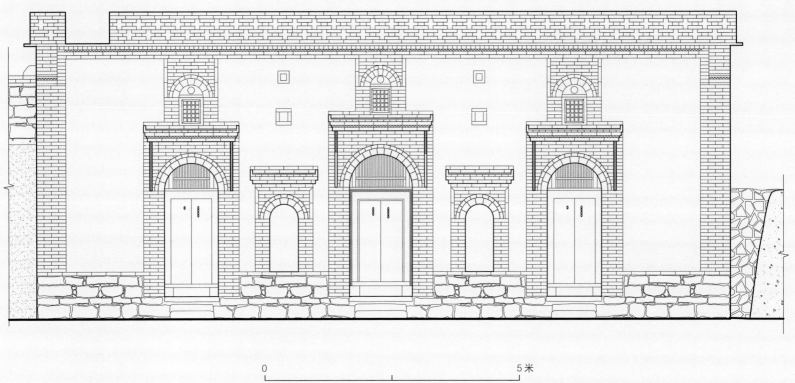

祠堂南立面图

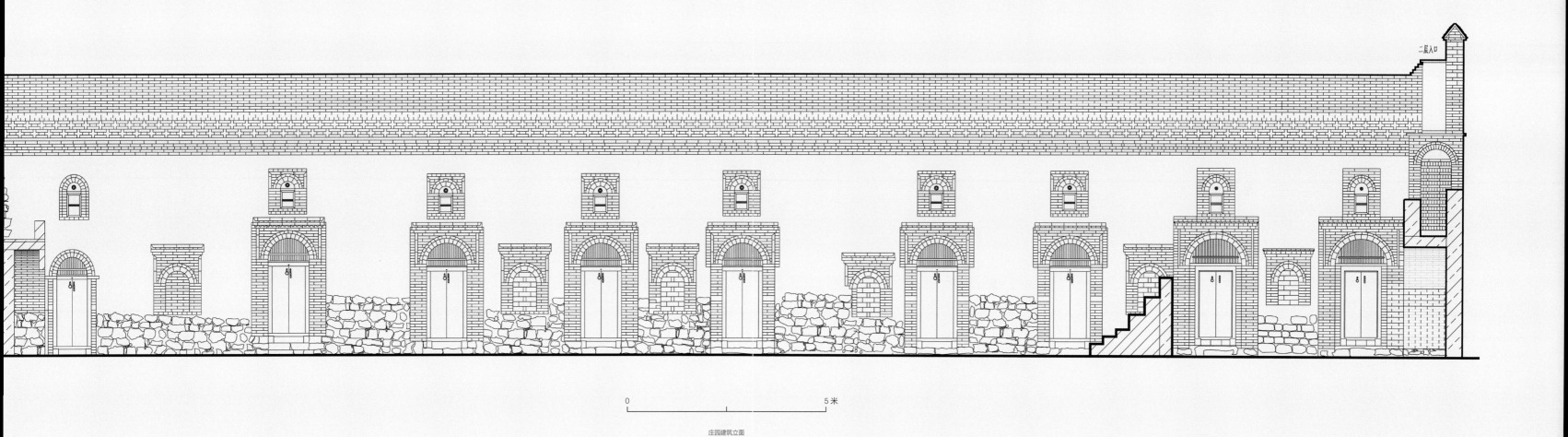

二层入口

0　　　　　　　5 米

庄园建筑立面

0   5米

庄园建筑侧立面

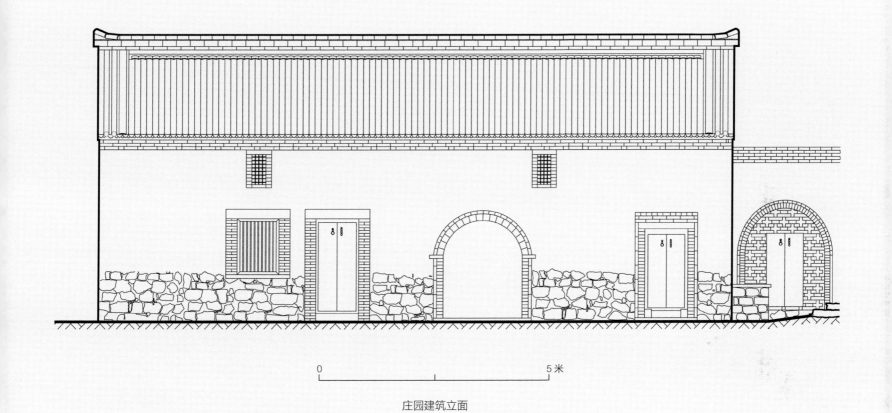

0   5米

庄园建筑立面

秦氏家庙

　　秦氏家庙位于荥阳市高村乡油坊村东部。该院坐北朝南，为二进式四合院建筑，清乾隆二十四年（1759年）建，原为秦恭个人所建的住宅，后改作秦氏家庙。

　　家庙由前院、后院两部分组成，布局完整，保存较好，现存房屋7所，均为砖木结构，硬山顶。前院由4座均为一层的建筑组成，为倒座（含门楼）、东西厢房和正房。正房前檐下的斗拱上均饰有彩绘图案，檐柱及廊柱的柱础石制作精美，并雕刻动物等图案。后院由3座三层的楼房，正楼高约13米，结构复杂，建筑讲究，底层门外墙壁上嵌有石匾联，横额"内省斋"，联为"居家宜和交张公多书忍字"，"处事莫刻法司马厚积阴功"。院内保存有多通有关秦氏家族历史的家谱碑和墓碑等。原影壁在"文化大革命"期间被毁。

　　2006年6月，被公布为河南省文物保护单位。

油坊村

北

秦氏家庙

AF002

AF005 AF004

RTCM-Ref
AF003 AF001

AF006

图 例

房屋

古建筑

耕地

0   20米

秦氏家庙周边环境

1　门楼

2　前院正房

3　前院西厢房

1　砖雕窗户

2　3　砖雕门罩

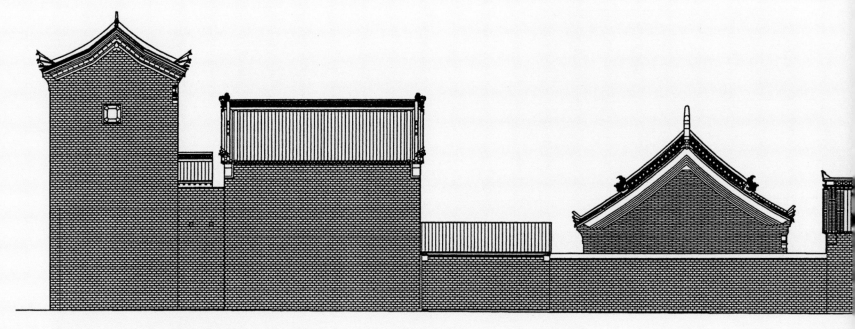

家庙西立面

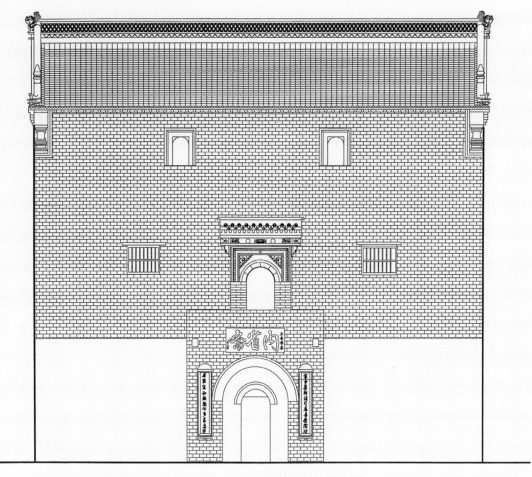

正楼南立面

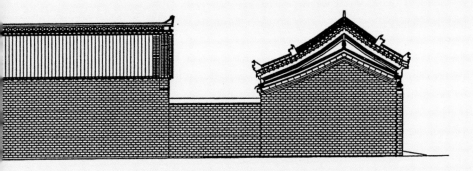

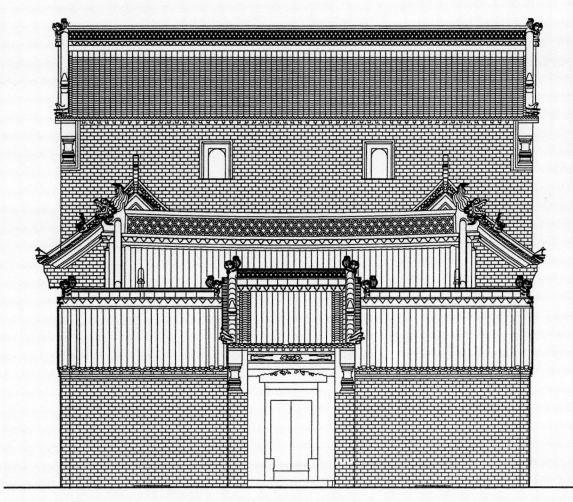

家庙南立面

牛氏宗祠

牛氏宗祠位于荥阳市高山镇穆沟村中部，为牛凤山于清道光二十二年（1842 年）修建。祠堂原有照壁、门楼、厢房、祠堂、朵殿，现仅存照壁、祠堂，规格较高，保存较好。

祠堂为硬山灰瓦式建筑，坐北朝南，面阔三间，进深一间，格栅门，带前廊。山墙七封檐带雕花，木构梁架，柱、枋保存完好，墀头雕刻精美。照壁保存完好。

前廊东西两侧山墙内各嵌碑刻一块，东侧为《创修牛氏祠堂记》，西侧为《捐资碑》，均为道光二十二年（1842 年）所刻。祠堂内东西两侧山墙各嵌碑刻两块，东侧为清代咸丰九年（1859 年）所刻《祖茔树柏记》、民国九年（1920 年）所刻《中国民国庚申清明节》；西侧为光绪岁次甲辰（1904 年）正月上旬所刻《重修祖茔西堰记》及 2009 年刻的《重修牛氏宗祠记》。

牛凤山（1806 ~ 1880），字梧阶，河南巩义市明月坡（古汜水县属地）人。道光十三年（1833 年）癸巳科会试中式第一名进士，殿试第一甲第一名，钦点状元，授头等侍卫，覃恩加一级封武功将军，任甘肃凉州（今甘肃省武威地区）中营游击，加副将衔。后晋封总兵，荣得四世一品封赠。后因病离职还乡。

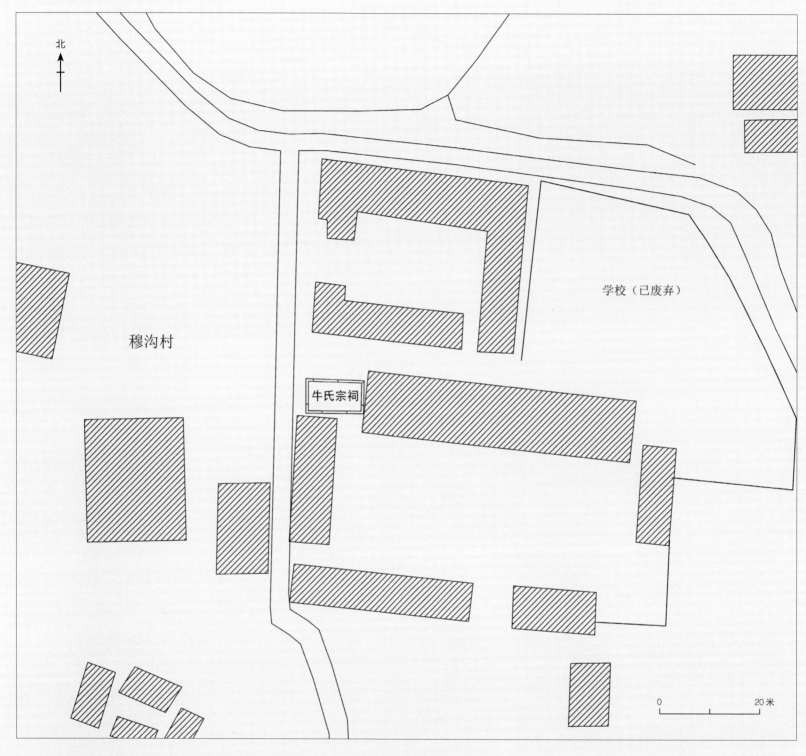

北

穆沟村

学校（已废弃）

牛氏宗祠

0   20 米

牛氏宗祠周边环境

①
②
③ ④

1　2　檐部木雕

3　墀头

4　照壁

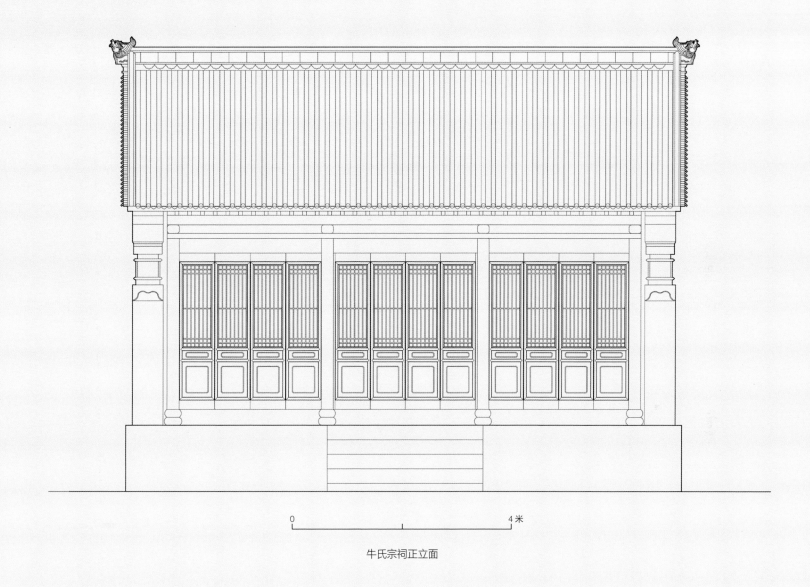

牛氏宗祠正立面

0   4 米

崔氏祠堂

　　崔氏祠堂位于巩义市孝义镇白沙村北部，始建于明万历年间（1573～1620年），清康熙五十年（1711年）扩建，乾隆二十八年（1763年）和民国三十四年（1945年）曾两次重新修葺，2000年初进行了第三次修葺。

　　祠堂为两进式院落，坐北向南，由戏楼、大门、拜殿、过厅、正殿、配殿、偏殿、库房等建筑组成。戏楼为硬山式建筑，面阔三间，灰色筒瓦顶，脊上原有雕兽、鸱吻，已残失。戏楼前有廊，廊上设单体斗拱4组，前台设四石柱，镌刻对联两副。据脊木记载，戏楼建于清咸丰二年（1852年），为院内现存最早的建筑。

　　倒座为硬山式，灰色小瓦覆顶，面阔三间。大门门楣上方悬挂"崔氏祠堂"木匾，上部雕饰二龙戏珠、梅花、牡丹、石榴等图案。

　　正殿为硬山式建筑，面阔三间。前墙镶嵌八仙图像石刻，正门明柱下有雕刻精细的狮驮莲花石柱础。檐下有单体斗拱4组，下设方格形菱子窗。正殿屋脊上砖刻缠枝菊花，饰有鸱吻、神兽等。据脊木记载，正殿重修于中华民国三十四年（1945年）。

　　拜殿为硬山式建筑，小灰瓦覆顶，正脊两侧设鱼、马、狮等兽，房檐两端雕刻武士，房檐下有双重三角形滴水，圆柱形房椽。祠堂后部西侧有配殿，为卷棚顶硬山式，共三间，两侧砖台高约1.5米，砖台上为菱子窗。院内现存不同种类的石刻多件。

　　2009年6月，被公布为郑州市文物保护单位。

❶
❷

1 倒座侧面

2 正殿

1 始祖殿

2 二进院及偏殿

1 戏楼

2 翼角

3 墀头

4 5 福禄砖雕

周氏祠堂

　　周氏祠堂位于巩义市芝田镇羽林庄村，创建于清光绪九年（1883年），民国时期曾多次维修，2002年重修。整座建筑群采用传统的中轴对称格局，布局严谨，庄严肃穆，古朴端庄。

　　祠堂坐北朝南，由台阶、门楼、东西厢房、正堂等组成，建筑为硬山式砖木结构。祠堂大门恢宏壮观，建筑考究，砖雕华丽，门楣上方悬挂"周氏祠堂"匾额。

　　厢房面阔三间，进深一间，两次间开木格栅窗，前檐下木枋施彩绘，雀替雕刻精致；东西厢房分别悬挂"昭麟""穆雁"匾额，寓意着吉祥、长幼有序。

　　正堂面阔三间，进深一间，正脊及垂脊上有雕花，其顶部置放脊兽，两端置放龙吻。前廊下木枋施彩绘，雕刻雀替精美，两侧墀头有精美的砖雕。正堂下悬挂"东野流长"匾额，落款"光绪乙未"。院内现存碑刻10通，分别位于月台、东西厢房及前廊。

　　2007年12月，被公布为巩义市文物保护单位。

①

② ③

1 2 门楼脊兽

3 门楼

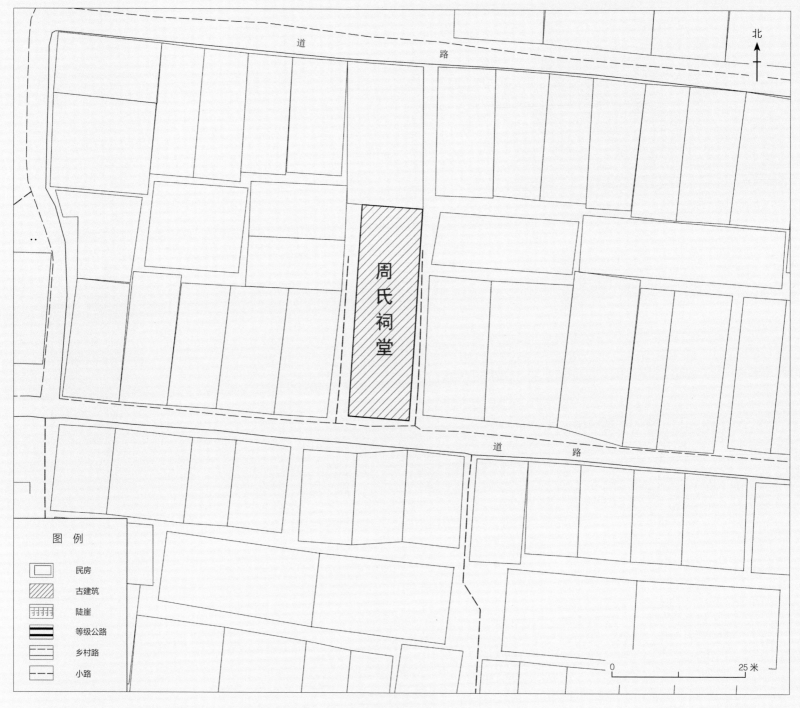

北

周氏祠堂

道   路

道   路

图　例

民房

古建筑

陡崖

等级公路

乡村路

小路

0   25米

周氏祠堂周边环境

1　门楼彩绘

2　正堂侧面

3　祠堂建筑外景

 ❶ ❷
❸ ❹

1 2 3 4 门楼墀头

1 正堂及厢房

2 正堂

王氏宗祠

　　王氏祠堂位于巩义市大峪沟镇王河村西部，创建于清代，坐西朝东，现存有门楼、正堂及厢房等建筑，保存较好。祠堂内外广植松柏、冬青等，环境幽静，庄严肃穆。

　　门楼为硬山式砖木结构建筑，山墙两侧墀头雕刻精美，正脊上方饰雕花。门楣上方悬挂"王氏宗祠"匾额，左侧书"大清光绪二十四年三月"，匾额右下方横书"己卯年桂月中秋节复悬"。门楼里侧有木质楹柱两根，其下石质柱础上雕刻有简易的莲花纹饰。门楼前方为九级踏步。

　　厢房为硬山砖木结构建筑。面阔三间，明次间开有券门、券窗。

　　正堂为硬山砖木结构建筑，带前廊。面阔三间。正堂门上方嵌有草书"承前启后"石质匾额，其上方则嵌有"纪念堂"石匾。木门两侧墙体上镶嵌石质楹联一副；正堂前廊下石质廊柱上刻有对联一副，其下置莲纹石柱础，均保存较好，两次间开有木格栅窗。

1 "王氏宗祠"匾额

2 门楼

3 4 门楼墀头

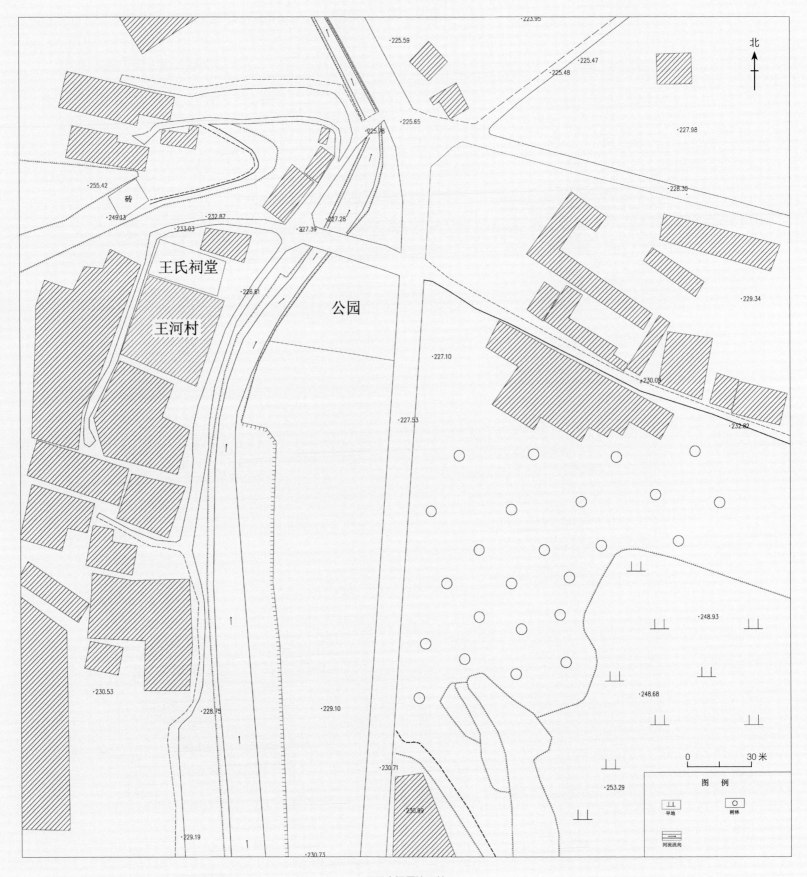

北

王氏祠堂

王河村

公园

砖

·255.42
·249.13
·233.03
·232.87
·226.81
·227.39
·227.28
·225.78
·225.65
·223.95
·225.59
·225.47
·225.48
·227.98
·228.30
·229.34
·227.10
·230.09
·227.53
·232.82
·230.53
·228.75
·229.10
·248.93
·248.68
·230.71
·253.29
·229.19
·230.73
·230.89

0   30米

图例

旱地   树林

河流流向

王氏宗祠周边环境

❶
❷

1　柱础石
2　正堂

民传
居统

02

任家大院

任家大院位于郑州市高新区东史马村，是一座典型的中原地区四合院风格建筑。始建于清代乾隆年间（1736～1795年），原为五进院落，呈"品"字型布局。现存大院为两进式院落，坐北朝南，包括厅房、厢房、倒座及大门等，均为抬梁式硬山灰瓦建筑。

大门门楣上悬挂"辅翼国政"匾额，为道光皇帝所赐，惜原匾已失，现有匾额是根据史料记载复制而成。二门装饰细密、华丽，前檐下为雕花木枋，后檐下设有可开启的格心为球纹式隔扇门；雕花门楣上刻有"皇恩浩荡"字样，为史传真迹。

前院正房(亦称过厅)，建在高台之上，面阔三间，前檐原带廊，后两次间被封堵。明间檐廊的横枋上装饰有繁密的木雕，客厅内有雕梁彩画，四角砖雕。

在前金柱位置设有可开启的隔扇门，隔扇的格心为斜格形，内镶花卉纹，通透而有装饰性。室内梁架结构用材整齐粗壮，雕饰华丽。过厅两侧为东西厢房，形制同过厅。后院高于前院，后楼也是整个院落的最高点，寓意"步步高升"。

大院建筑装饰以木雕和砖雕为主。木雕多以浮雕和透雕的形式出现，主要应用于门、窗、隔扇、雀替、梁托、驼峰等木构件上，其雕刻花纹繁杂，人物、禽兽、花鸟栩栩如生。砖雕主要见于墀头，院内的墀头其下皆为复式须弥座形式，叠层雕刻莲花瓣、卷草、水纹等连续纹样或蔓草纹图案，装饰内容多寓意富贵的美好愿望。

2009年6月，被公布为郑州市文物保护单位。

门楼

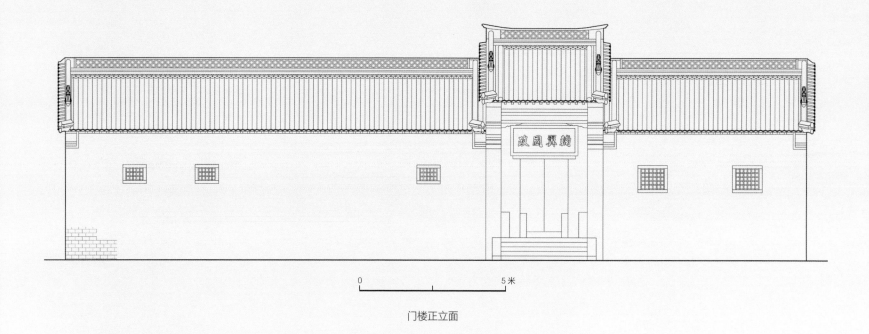

门楼正立面

① ②

1 2 门楼墀头

1

2 3

1 门楼梁架

2 木雕

3 屏门

正房

1 ②
①
③

1　正房墀头（东墙）

2　正房明间木雕

3　正房明间雕花门罩

1　正房檐部梁架

2　正房木雕

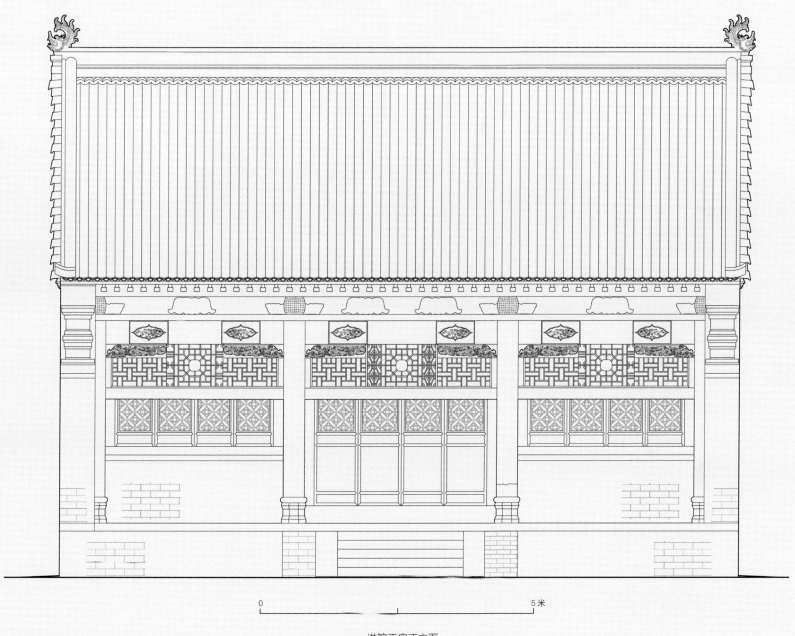

一进院正房正立面

0   5米

东厢房

❶ ❷
❸

1　2　厢房墀头

3　西厢房垂花门罩

西厢房隔扇门

① ② ③ ④

1 2 3 4 西厢房隔扇门木雕

方顶村建筑群

方顶古村落位于郑州市上街区，是目前郑州境内发现的保存较为完整的一处明清时期传统民居建筑群。

村内保留有100多座宅院、300多间传统房屋，占地一万多平方米。有黄土高原特有的窑洞、硬山式房屋、独特的单面坡顶房、绣楼，还有部分现代平顶式建筑。民居多为四合院、三合院等建筑样式，个别房屋依山而建、依崖掏洞，建筑材料呈多样化，有砖、石、木、土等。

村内保存有方兆麟、方兆图、方兆凤、方兆星及赵东阶故居，方兆图、方兆麟故居建于清代，为典型的二进式四合院。临街是一座门楼，门柱上有"犀牛望月""鹿衔灵芝"图案的精美砖雕，形象生动逼真。前院空置，后院上方为三孔石券窑洞，主窑洞正门上饰以花池砖雕。东侧为厢房，西侧矗立一座高大的两层小楼，两院间竖立一照壁，照壁中部有一小圆洞，由此孔可观察宅院门内外，非常雅致。

赵东阶故居由一座四合院和一座配院组成，门首原悬有清光绪皇帝所赐"太史第"匾额，门楼内另有"文魁"和"贤母羲方"匾。配院于1922年建造秀女楼一座，西侧为正院，上方开凿有三孔石券窑洞，主窑洞门楣镶嵌有"天场纯嘏"砖雕匾额，乃祈求上天赐福之意。院内有一座不同于其他建筑的楼房，为赵东阶晚年读书写字、接待好友的地方。

村内的石寨墙，是该村一道靓丽的风景线，它连接着方顶村的顶与底沟，是当地居民在不同时期修建的，全部用红顽石砌成，白灰勾缝，民间称虎皮石头墙，长约200多米，高约7米。石寨墙修筑于明清时期，也有部分是民国时期修筑的。

❶
❷

1　2　村内民居俯瞰

冬日的方顶村

1 村内的青石板街道

2 石寨墙

3 民居

1 **2**

3 **4**

1　方兆凤故居

2　方兆图故居

3　"鹿衔灵芝"墀头

4　方兆麟故居

1 上房窑洞砖雕匾额

2 门楼墀头

3 赵东阶故居门楼

1　赵东阶故居内的秀女楼

2　砖雕门罩

董天知故居

董天知故居位于荥阳市索河办事处城关村老城南街，坐东朝西，始建于明末清初，占地约 600 平方米。原有建筑分为前后 2 个院落，共有房屋 7 所，均为砖木结构，硬山式建筑，因年久失修，破损严重。2005 年 7 月，荥阳市人民政府拨款对故居进行复建，初步恢复了故居的原有面貌。

复建后的故居分为 3 个院落。一进院有倒座房（含门楼）、南北石刻墙、正房，院内有董天知将军的雕像，南北围墙镶嵌着给董天知等英雄的题词；二进院有北厢房及正房，院内辟有三个展室，以实物、图片等展示董天知将军光辉的一生；三进院为附属院落。院内有一棵近 500 年的古槐。

董天知（1911 ～ 1940），又名董亮，河南荥阳县（今荥阳市）人。1927 年加入中国共产主义青年团，参加革命活动。1930 年加入中国共产党。1931 年被捕入"北平军人反省分院（即草岚子监狱）"。1936 年 8 月经党组织营救出狱，同年 10 月被中共中央北方局派往山西开展抗日民族统一战线工作。1937 年 9 月任抗日救亡先锋总队总队长，后任八路军一二九师决死第三纵队政治委员。1940 年 8 月率部参加百团大战，壮烈殉国，年仅 29 岁。

2016 年 1 月，被公布为河南省文物保护单位。

1 门楼匾额

2 门楼

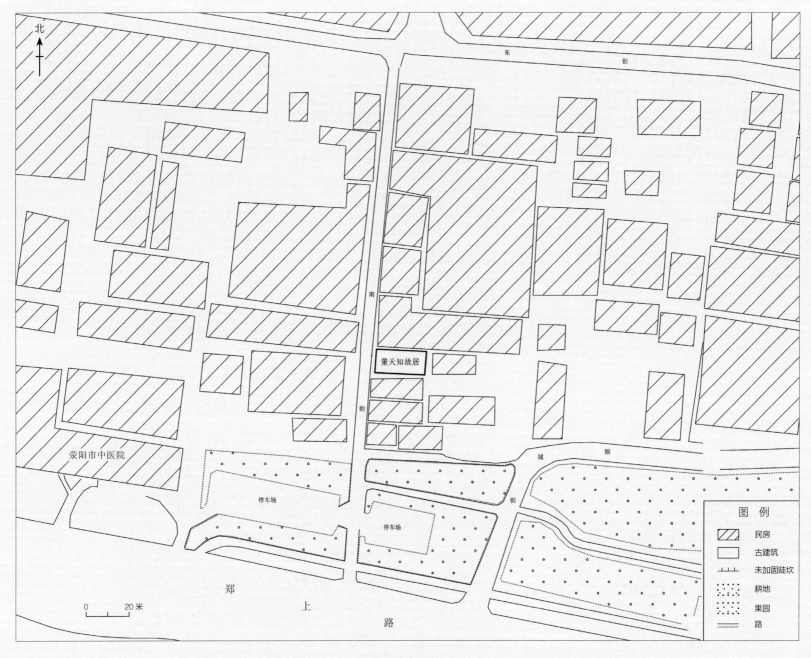

北

董天知故居

荥阳市中医院

东　　　　街

南

街

城　　　　顺　　　　街

停车场

停车场

郑　　　　上　　　　路

0　　20米

图　例

民房
古建筑
未加固陡坎
耕地
果园
路

董天知故居周边环境

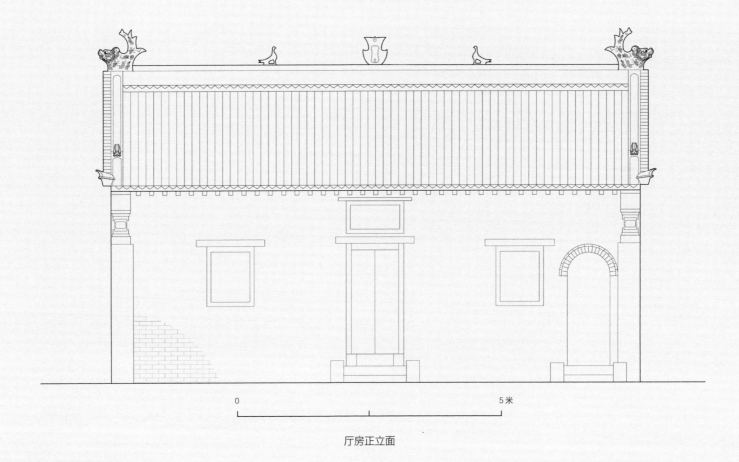

厅房正立面

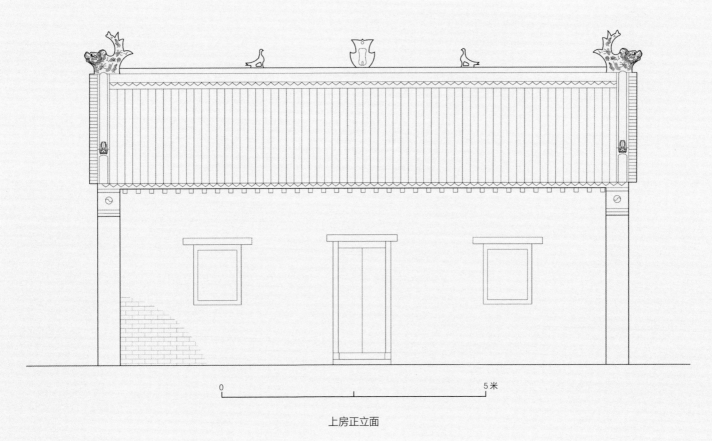

上房正立面

1️⃣ 2️⃣
3️⃣

1 后院

2 倒座房

3 院内古槐

韩凤楼故居

　　韩凤楼故居位于荥阳市索河街道办事处城关村南关，建于 1918 年，分为东、西两宅院。东宅多已塌毁或拆除，西宅保存较好。2017 年对其进行了修缮。

　　西宅院坐西向东，为二进式四合院。前院现存倒座（含门楼）、南北厢房、正房四座建筑。后院仅存靠崖所筑的窑洞。前院正房，二层，为砖木结构，硬山式屋顶，正面屋檐下装饰木雕花卉图案，二层屋门外铺设木板走廊和安装木护栏。两墙角嵌雕刻精美的砖雕墀头，整体风格具有民国时期的荥阳地方建筑特征。

　　韩凤楼（1885～1956），字五峰，荥阳老城南关人。清监生，曾留日学习军事 5 年。回国后，参加云南反清起义，历任贵州、云南、四川讲武堂堂长及靖国军左翼总司令等职务。在云南讲武堂任职时，朱德、叶剑英曾在该堂学习。卸职返乡后创办学校，介绍进步青年奔赴延安，积极配合八路军在荥阳的抗日活动。在中国近代史特别是民国初期的历史上，韩凤楼参与了许多重大历史事件，具有一定影响力和传奇色彩。

1 门楼

2 韩凤楼故居

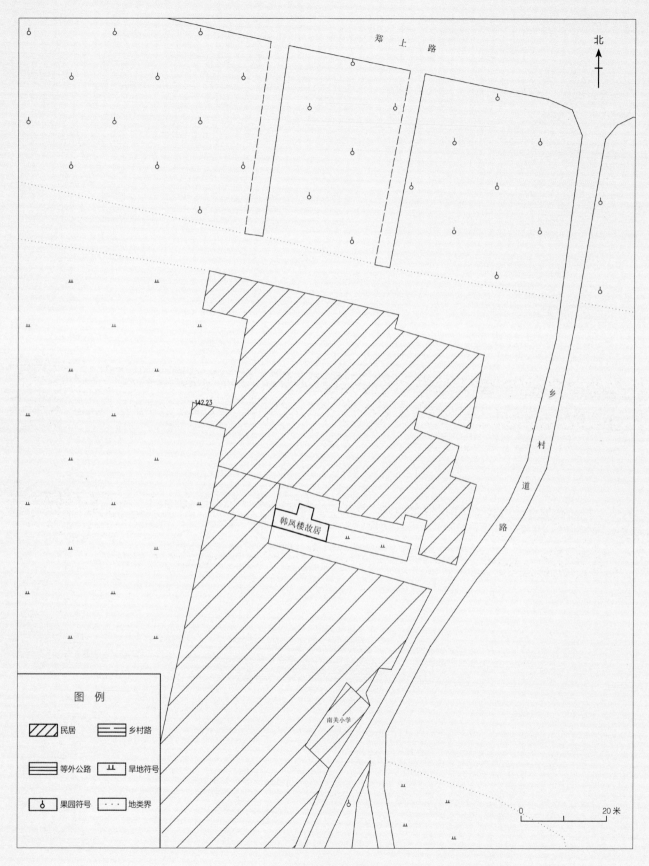

郑　上　路

北

乡

村

道

路

142.23

韩凤楼故居

南关小学

图　例

民居　　　　　乡村路

等外公路　　　旱地符号

果园符号　　　地类界

0　　　　　　20 米

韩凤楼故居周边环境

❶ ❷
❸ ❹

1　2　3　4　门楼墀头

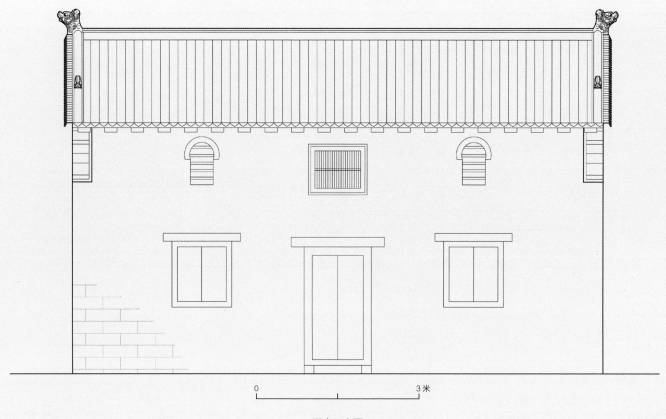

厢房正立面

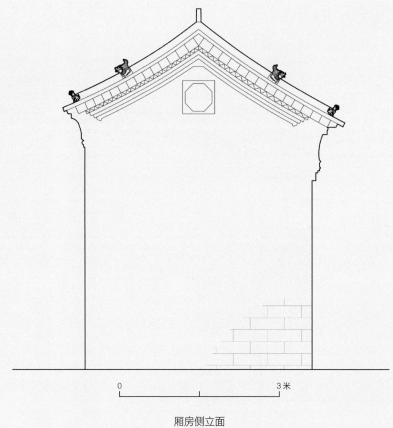

厢房侧立面

楚书范故居

　　楚书范故居位于荥阳市乔楼镇楚堂村，坐南朝北，现存上房、厢房和倒座（含门楼）等建筑。上房硬山灰瓦顶，坐落于高台上，面阔三间，进深一间，前出廊，廊下为单步梁，有碑刻。东西厢房均面阔三间，进深一间。2004 年对东厢房进行了维修。

　　楚书范（？～1942），原名楚树藩，乔楼楚堂村人。民国二十六年（1937 年）春加入中国共产党，和张漫萍在荥阳秘密发展地下党员，成立党小组，后到临颍工作。翌年夏，楚书范从临颍回荥阳，在楚堂一带秘密发展中共党员，成立中共楚堂支部，任书记。8 月，成立中共荥阳县临时工作委员会，任工委书记。期间，他曾和副书记张漫萍到洛阳从事革命活动。抗日战争爆发后，张漫萍、楚书范回荥阳建立"中共荥阳县工作委员会"，开展各种形式的抗日救亡活动，组建"荥阳县抗日人民自卫队"和"荥阳县武装团队"，举办多种形式的培训班，为革命根据地培养、输送新生力量，为抗日战争的胜利做出了贡献。

1 2 门楼墀头

3 门楼

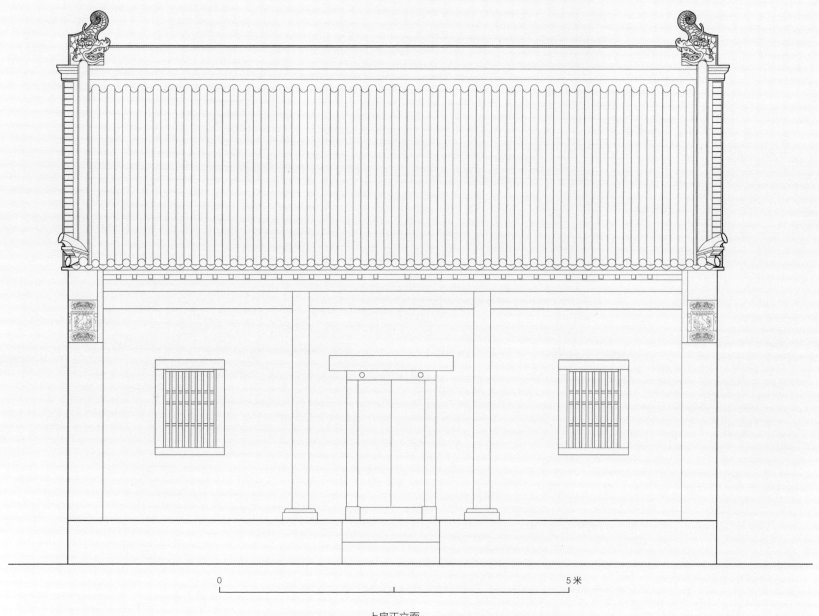

0   5米

上房正立面

上房

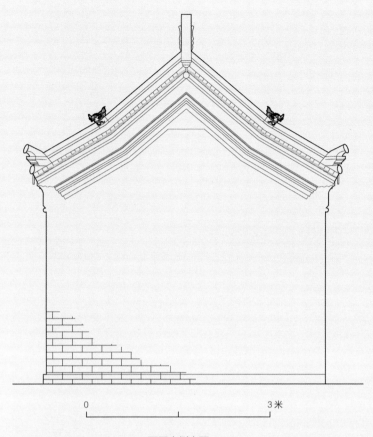

0　　　　　　　　　　3米

西厢房侧立面

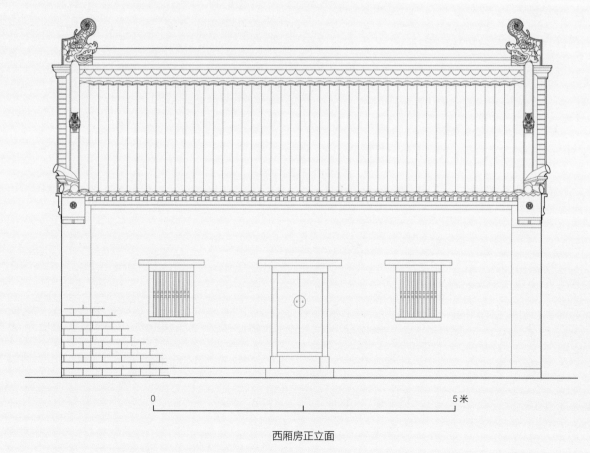

0　　　　　　　　　　　　　　　　5米

西厢房正立面

1 东厢房

2 故居外景

牛氏祖地旧址

　　牛氏祖地旧址（又称对锅台）位于荥阳市汜水镇十里堡村。据碑刻记载，始建于清代，现存建筑坐北朝南，由对锅台、主殿和东厢房、西厢房等组成。

　　对锅台为青砖砌筑的台子。东、西厢房均为单檐硬山式建筑，灰瓦覆顶，面阔三间，进深一间。主殿面阔三间，进深一间，为硬山式建筑，灰瓦覆顶。明间前后门均为拱券，次间开券窗。两山墙封山等处嵌有精美的砖雕。

　　据道光十八年（1838年）荥阳穆沟村《牛氏宗谱序》记载：明初，牛氏堂兄弟18人自山西洪洞迁来此地建房居住。后因战乱、人数增加等原因，需要外迁。为便于日后相认，随将一口铁锅打碎，每人（户）各持一片，作为相认的凭证。以后不少外迁牛氏常来此地祭祖。1949年前后，曾一度作为村中学校，今废。2016年对其进行了维修。

　　2004年5月，被公布为荥阳市文物保护单位。

主殿及厢房

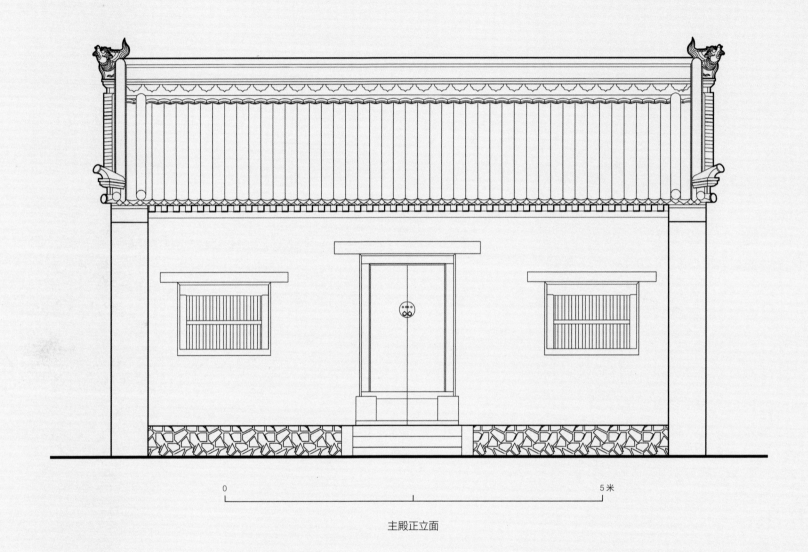

0   5 米

主殿正立面

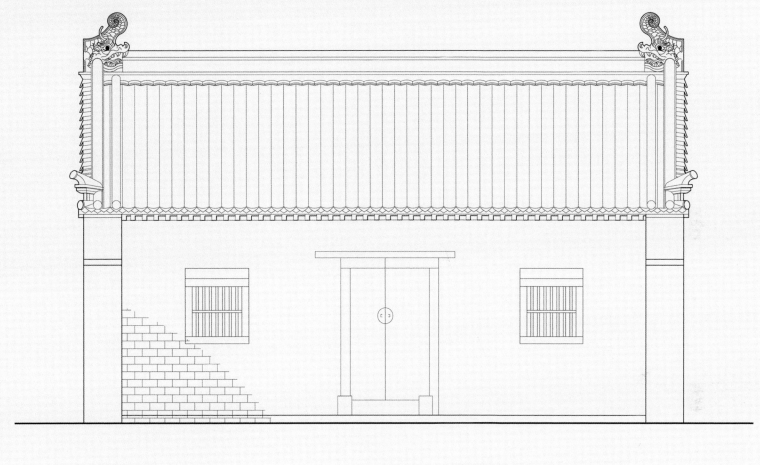

0　　　　　　　　　　　　　　　　　5米

东厢房正立面

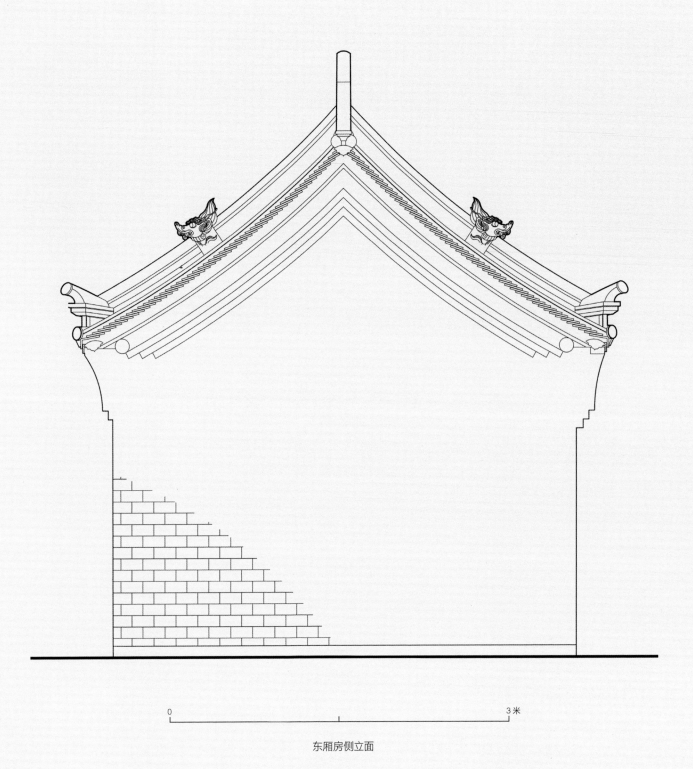

东厢房侧立面

❶ ❷
❸ ❹

1 主殿

2 主殿侧面

3 西厢房

4 东厢房

张静吾故居

张静吾故居位于巩义市站街镇北窑湾村，坐北朝南，现有窑洞、倒座、过厅、厢房等建筑。窑洞共5孔，其中3孔大窑门朝南，深13.5米，宽3.9米；2孔小窑门朝东，深4米，宽3米。青砖砌窑脸，砖雕门楣，主窑门匾上雕有八卦图案、刻有"福禄寿"三字。倒座、过厅及厢房均为硬山式砖木结构，灰瓦覆顶。东、西厢房及倒座房进行过翻修，墙体有大面积水泥抹面。该处建筑现已改造成一所养老院。

张静吾（1900～1998），原名张凝，河南巩县（今巩义市）人，医学教育家。1918年毕业于河南留学欧美预备学校（德文班）。1919年东渡日本求学，后因不愿受日人歧视，愤然回国。1922年赴德国哥廷根大学学习临床课程。1925年毕业，翌年获医学博士学位。1926年冬回国参加北伐战争。1928年到北平德国医院工作。1931年到河北医学院任内科教授。1934年夏受聘于河南大学医学院院长兼内科教授。1956年河南医学院随省府迁至郑州，张静吾负责筹建新校舍，同年，任医学院院长。

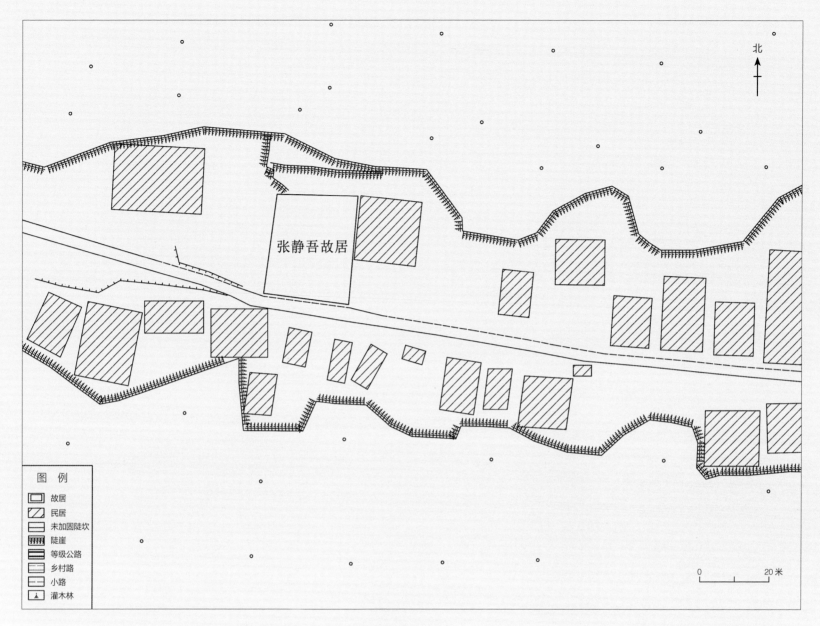

图 例
- 故居
- 民居
- 未加固陡坎
- 陡崖
- 等级公路
- 乡村路
- 小路
- 灌木林

张静吾故居

北

0   20 米

张静吾故居周边环境

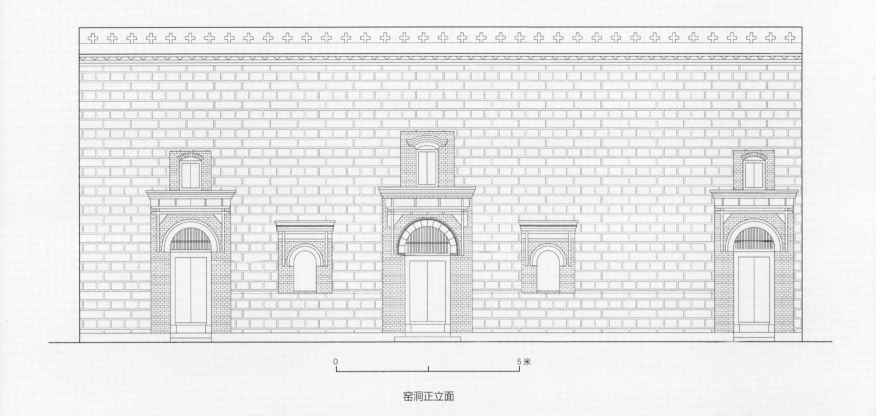

窑洞正立面

1 ②

1 上房窑洞

2 石砌窑脸

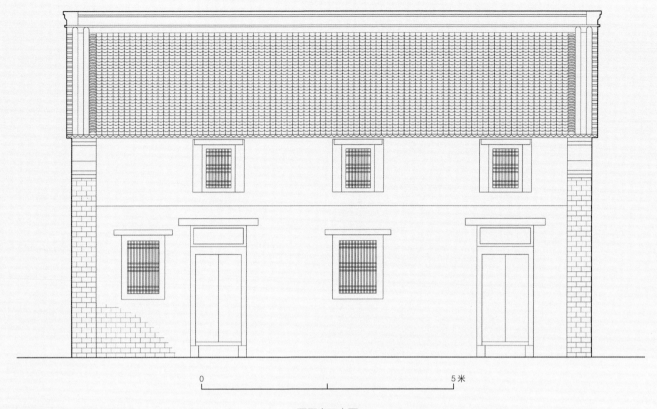

0　　　　　　　　　　　　5米

西厢房正立面

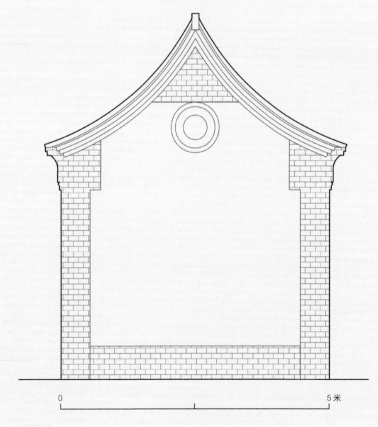

0　　　　　　　　　　　　5米

西厢房侧立面

1 厢房砖雕门罩

2 3 屋脊

海上桥村建筑群

海上桥村位于巩义市大峪沟镇，据古碑记载，因这里河谷中有一海眼，终年不涸，搭桥往来而得名"海上桥"。

村内保留建筑多为清代晚期至民国时期，保存较好。现存院落多坐北朝南，据统计有院落 20 个，窑洞 75 孔，楼房 42 幢 80 余间。建筑布局多样，一是靠崖筑窑洞，两侧建厢房的一进、二进或三进式四合院式；二是三面挖窑洞，两侧在窑洞外接厢房，临街盖倒座式二进院；三是靠崖挖晒台窑，即下层窑洞顶部挖成平台式，然后在平台上再挖窑洞，两侧依旧盖房的一进或二进式院落。

建筑以砖木结构、硬山灰瓦顶为主，其上装饰有砖雕、木雕、石雕等精美雕饰。砖石垒砌墙基，有的砌单面土坯墙，有的为砖柱夹土坯墙。大多数中间架有木棚板。有几处院落厢房为单坡顶，两院共用一条主脊，从外面看，均为双坡脊房屋。记载有建造年代的建筑两处，分别为"清道光十一年""咸丰元年"建。

村内民居俯瞰

北

图 例
民居
古建筑
陡崖
等级公路
乡村路
小路
灌木林
半荒植物地
植物稀少地
双线沟渠

村 委

广 场

0   20 米

海上桥村传统建筑周边环境

①
②

0　　　　　　　　　5米

一号院倒座正立面

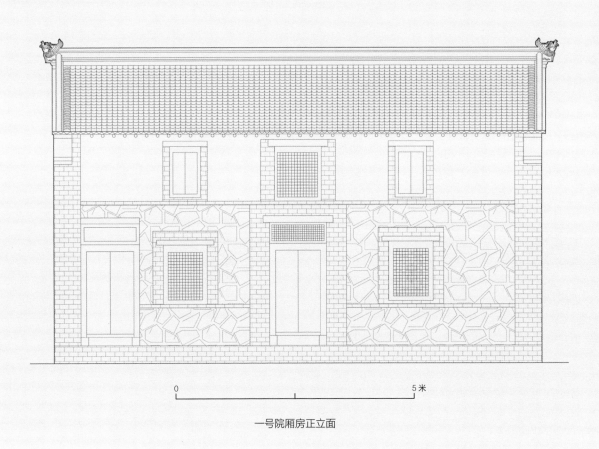

0　　　　　　　　　5米

一号院厢房正立面

❶
❷

1 一号院建筑侧面

2 一号院建筑背面

1　二号院倒座

2　三号院倒座

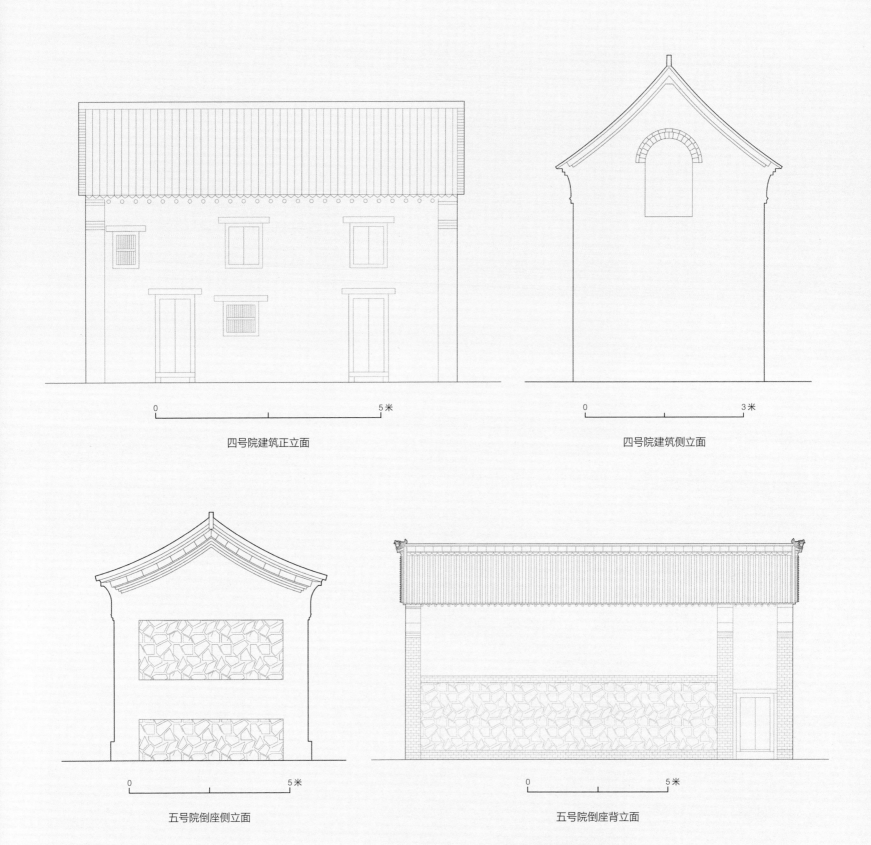

四号院建筑正立面

四号院建筑侧立面

五号院倒座侧立面

五号院倒座背立面

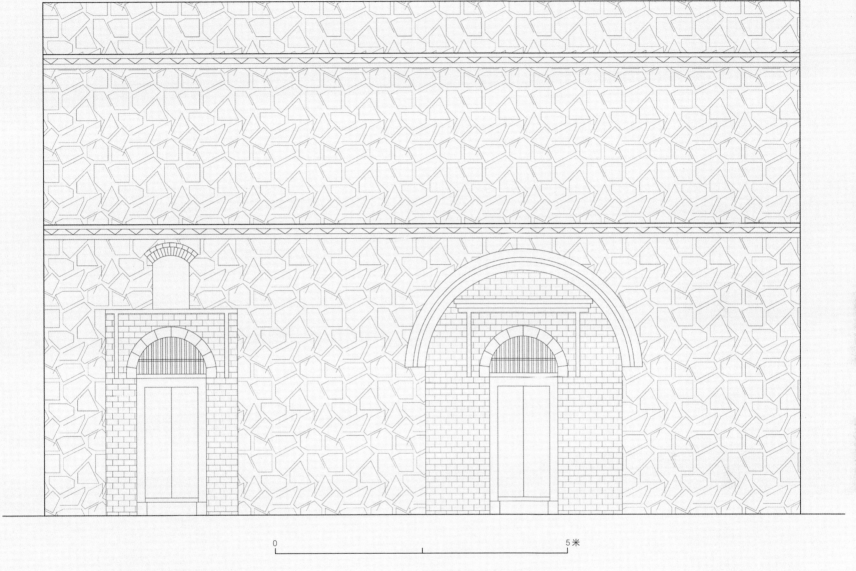

0   5米

六号院窑洞正立面

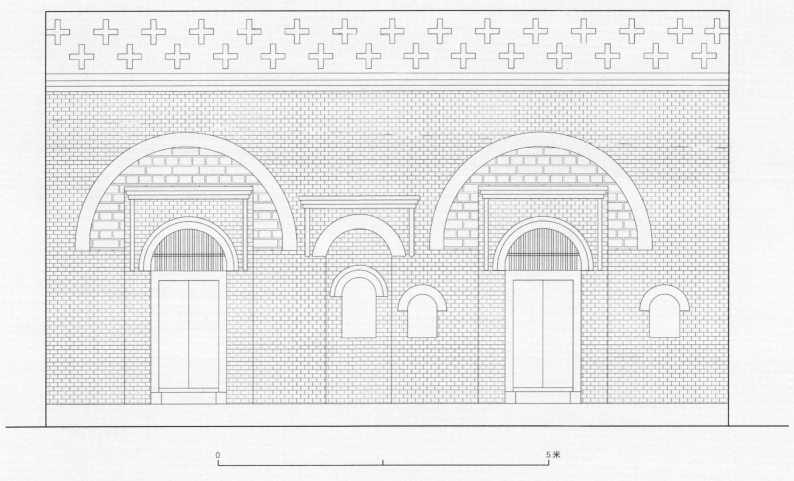

九号院窑洞正立面

0　　　　　　　　　　　　　5米

中正堂

中正堂位于登封市大金店镇金东村。建于中华民国三十年（1941年），由国民党三十一集团军第十三军军长石觉建造，为当时的十三军军部。中华人民共和国成立后，中正堂作为公有财产被大金店大队、村委使用。

中正堂坐北朝南，砖木结构，面阔九间，进深三间，为中西合璧的礼堂式建筑。该堂墙体全用灰砖石灰粘缝垒砌，木构梁架，小灰瓦覆顶。为风火山、重檐、山面留门式建筑，前后单步梁对五架梁，重檐金柱，无斗拱小式建筑，带有地方手法，山面略带西洋式做法。重檐下有方格亮窗，并有瓦扣围脊，垂带为合瓦做法。南面山墙正中辟拱券形门，为进入该堂的正门，上置有板门两扇，门上方有石刻匾额，楷书"中正堂"3字，左侧落款"石觉敬书"。门两侧各置长方形拱券顶格子木窗2个。堂内各间的左右墙上设有对称的长形窗户1个，地面使用与堂墙同规格的条砖平铺。

2009年6月，被公布为郑州市文物保护单位。

②

③

④

1	"中正堂"匾额
2	南立面
3	东立面
4	西立面

教 堂

道 路

中
正
堂

道 路

北

图 例

民居
未加固陡坎
陡崖
等级公路
乡村路
小路
灌木林

0   25 米

中正堂周边环境

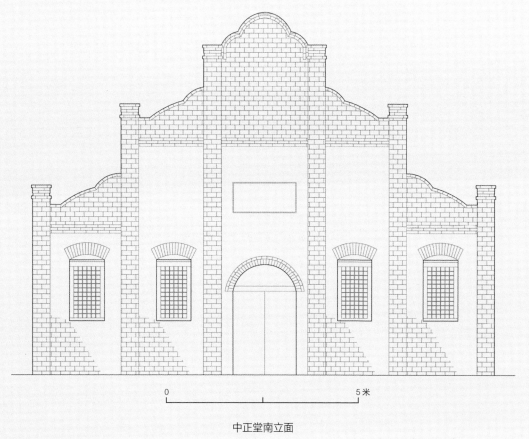

0　　　　　　　5米

中正堂南立面

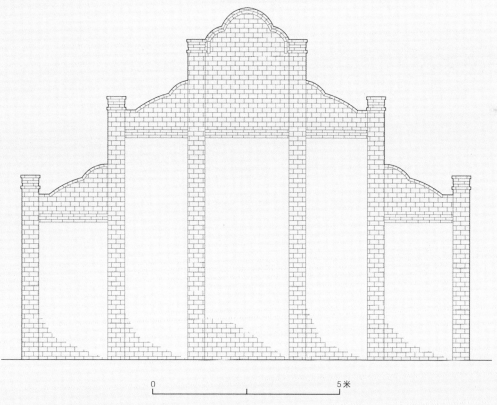

0　　　　　　　5米

中正堂北立面

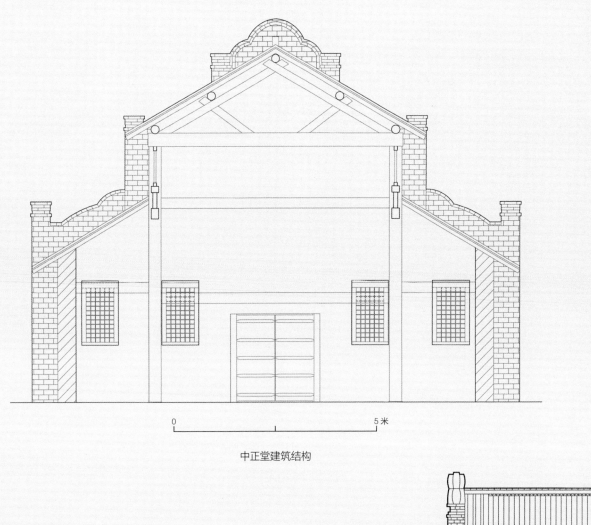

0   5米

中正堂建筑结构

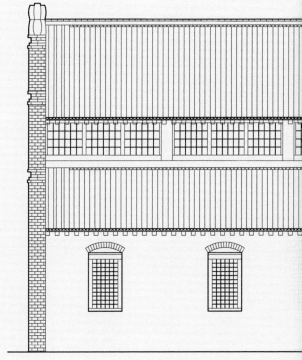

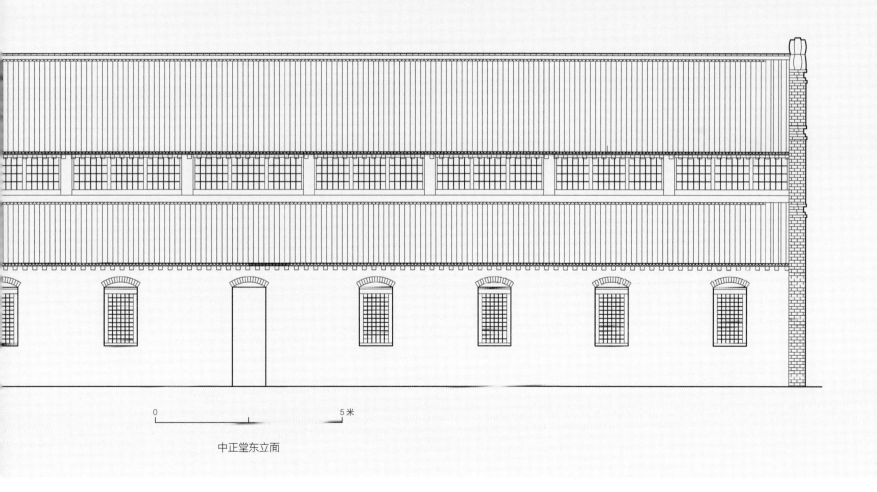

中正堂东立面

0   5 米

1 木格亮窗

2 木格窗

1 2 室内梁架结构

杨万辉故居

　　杨万辉故居位于新密市来集镇马武寨村，坐西向东，建于清道光年间（1821～1850年），占地面积750平方米。现存3座南北并列的院子，均为结构相同的四合院，保存完整，规模较大。建筑均为砖木结构，硬山灰瓦顶，皆由大门、二门、东西厢房和主楼组成。院内建筑上保留有雕刻精致的砖雕、花窗等。

　　杨万辉，生卒年月不详，清道光监生，字耀山，号菜猗，祖居新密市来集镇马武寨村。因经商家资颇丰，在县令杨炳昆倡导下耗资千余两，历时15载，建成实颖渠，至今仍在发挥作用，为大隗镇农业发展做出巨大贡献。

　　2009年6月，被公布为郑州市文物保护单位。

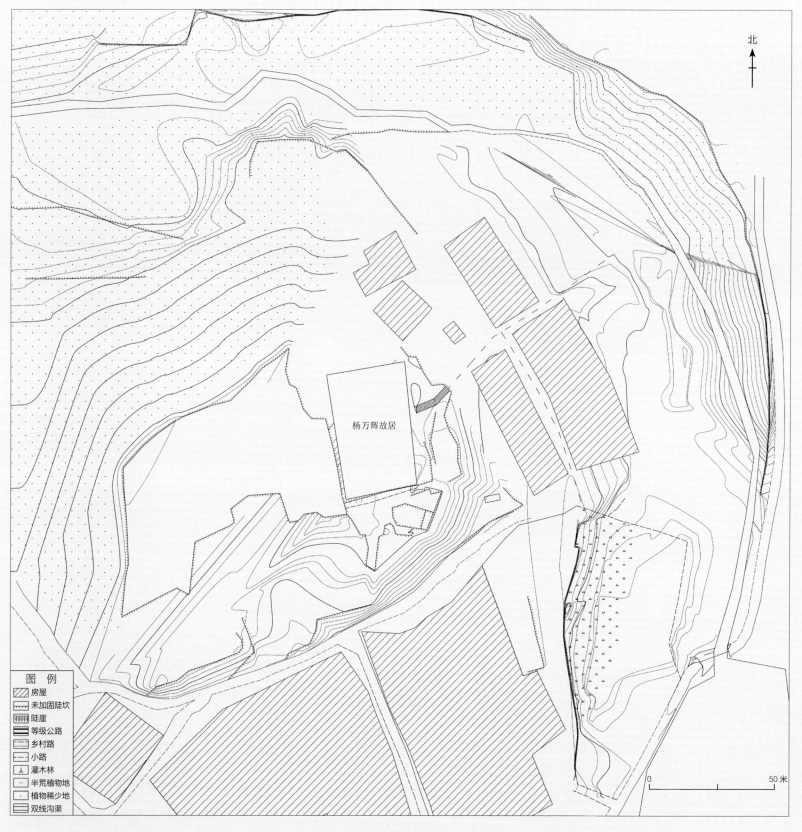

北

杨万辉故居

图 例
房屋
未加固陡坎
陡崖
等级公路
乡村路
小路
灌木林
半荒植物地
植物稀少地
双线沟渠

杨万辉故居周边环境

0   50 米

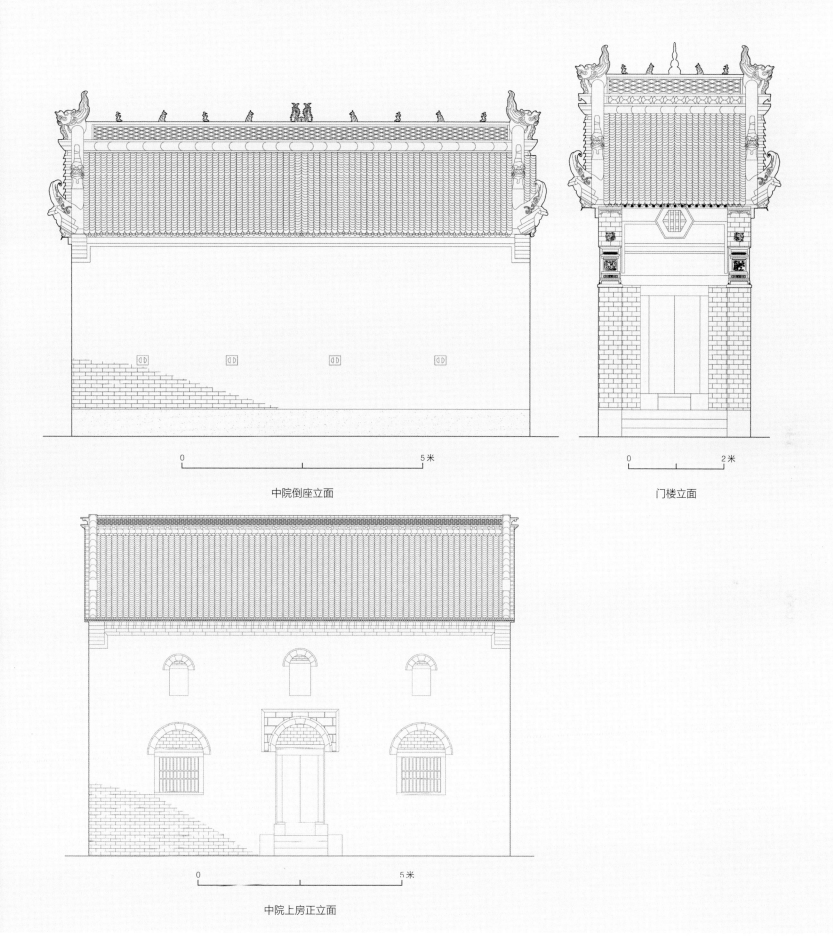

中院倒座立面

门楼立面

中院上房正立面

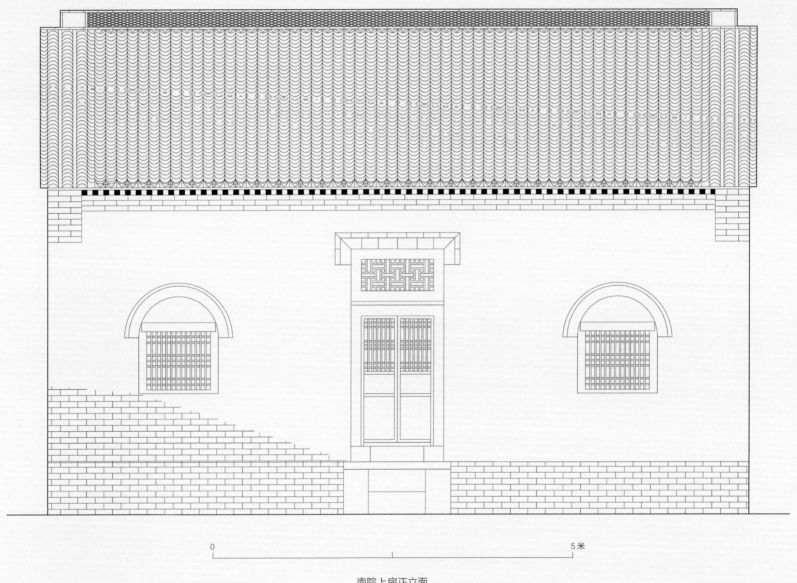

南院上房正立面

0   5米

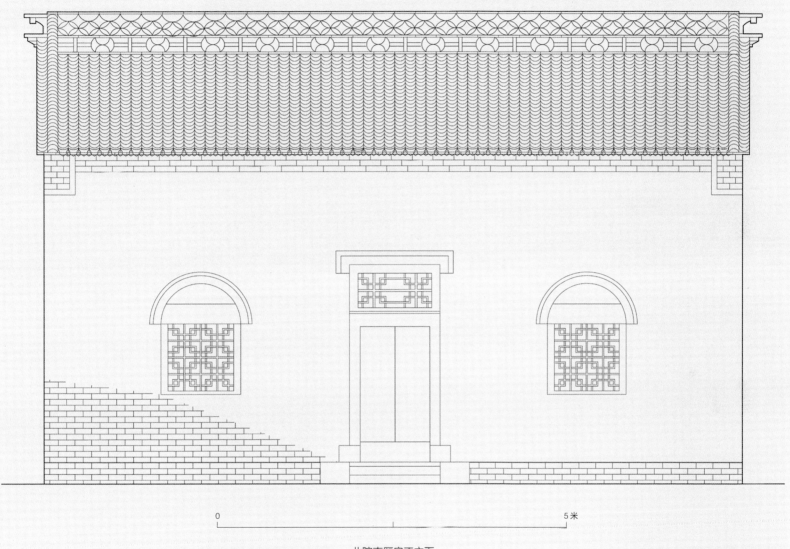

北院南厢房正立面

0 5米

1　东仪门

2　中院倒座内隔断

❶	❷
	❸
❹	❺

1　门楼墀头

2　3　4　5　砖雕

樊寨村建筑群

　　樊寨村建筑群位于新密市超化镇，为晚清时期超化巨富樊缮率族而建。民居由六座并列的二进式宅院构成，每个院落有正房、厢房、厅房、耳房、倒座房和大门构成，六座院落既自成体系，又相互联通。每个院落的正房、厢房、厅房都是"一明两暗"三开间，现共存房屋60余间，皆砖木结构，硬山灰瓦顶。主楼为三层楼房，楼房门窗饰以精美的砖雕和石雕。现存的六座院落除最南端院子的前院经后人拆除改造外，其余五座院落保存基本完好。建筑门窗、廊柱至今仍保留有不同风格的砖雕、石雕、木雕等饰件，其采用了透雕、浮雕、圆雕等不同工艺手法，设计独特，工艺精湛。

　　樊缮，清光绪年间生人，文献记载较少。据说其在超化做煤矿生意发家，当地曾留有"出了城门往南看，除了魏文数樊缮"的民谣。

　　2007年，被列入首批河南古代暨近代民居民间建筑保护名录。

图 例
古民居
等级公路
乡村路
小路
灌木林
半荒植物地
植物稀少地
双线沟渠

居民区
居民区
居民区
居民区
居民区
居民区
居民区
居民区
居民区
居民区

樊氏祠堂
新建房屋

0　　　　20米

樊寨村传统建筑周边环境

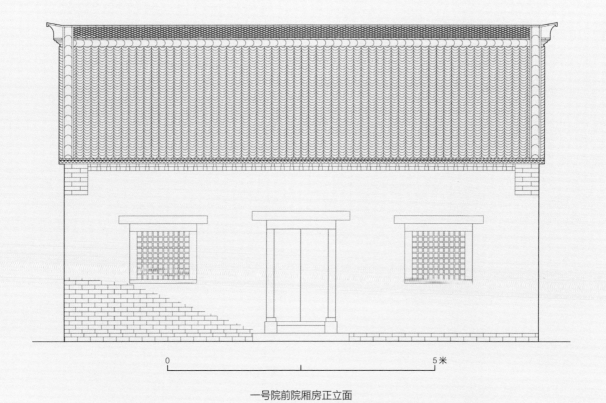

一号院前院厢房正立面

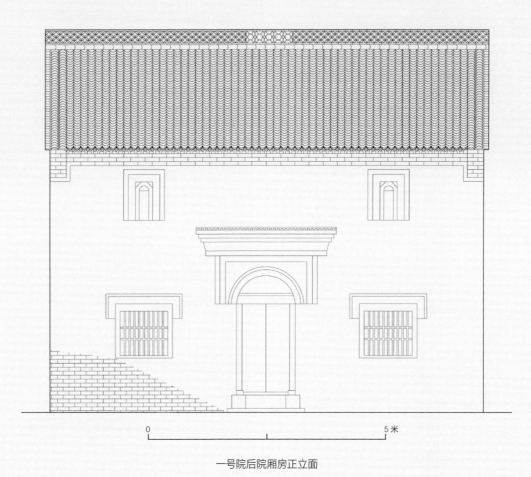

一号院后院厢房正立面

❶
❷

1 一号院后院厢房

2 一号院堂楼正面

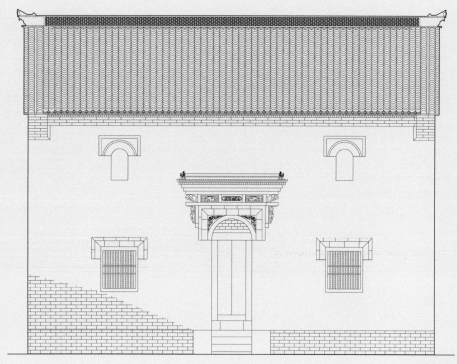

0   5米

二号院上房正立面

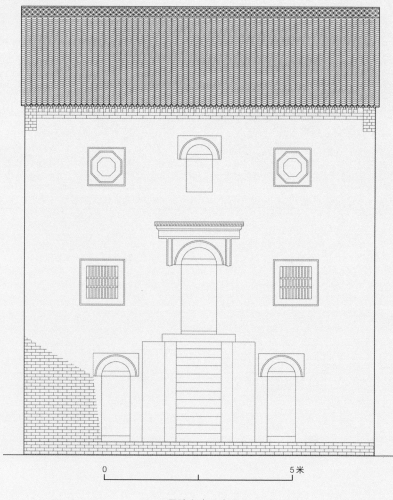

0   5米

三号院上房正立面

1 四号院门楼

2 二号院上房砖雕门罩

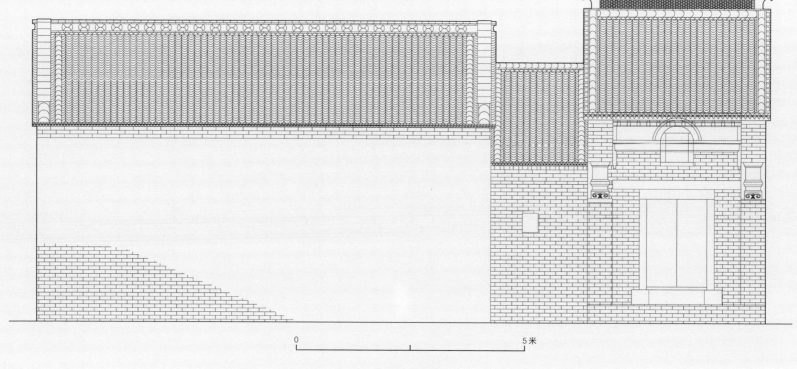

四号院门楼立面

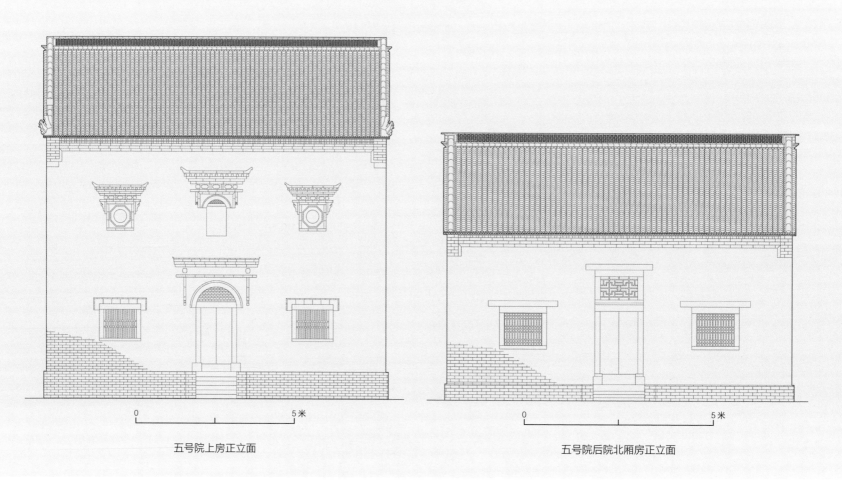

五号院上房正立面

五号院后院北厢房正立面

五号院上房

吕楼村建筑群

吕楼村位于新密市刘寨镇，村内保留有较多的传统建筑，大多为二进、三进甚至四进式院落，以及保存完好的古楼房 19 处，均为灰瓦砖木结构。其中最有代表性的建筑为月台楼。

月台楼坐落于古楼群东端的一侧，一排 5 处宅院，均坐北朝南。月台楼院的一进大门位于吕楼村口，大门两侧为倒座。大门内有照壁，照壁左侧是二进门（仪门），仪门内是内宅主房，两侧跨院门直通内宅，即三进院。三进院风格以简朴宽敞、舒适实用为主，两侧厢房均为二梁起架，厚墙，宽窗，房屋布局宽大，门台平缓利于行走。楼外设有步梯直通月台，并可达二楼。月台楼设有内置的木楼梯也可通二、三、四楼，该楼墙壁甚厚，达 1.2 米以上。每层墙壁内均有硬木做的骨架，对墙壁四周进行了围牵；在地基下还铺设有大量原煤，既具有很好的抗震稳定性，又具有很好的防潮、防渗功能。

该村传统文化氛围浓厚，村内随处可见古井、古树、石碾及当地居民的生活用具和农耕用具。

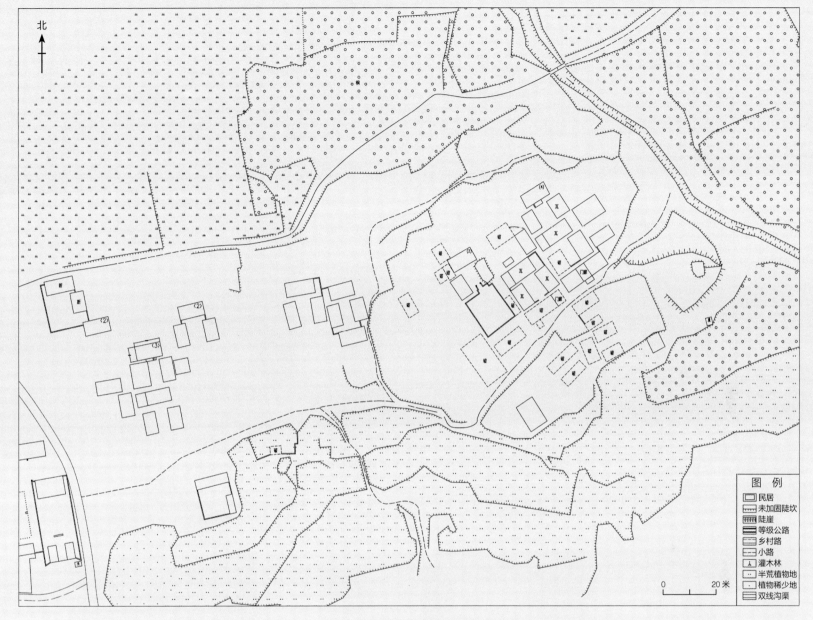

吕楼村传统建筑周边环境

1　逢泰楼正面

1　逢泰楼砖雕

2　逢泰楼侧面

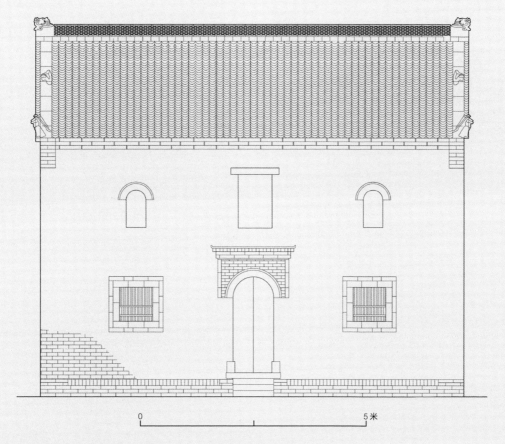

福昌楼堂屋正立面

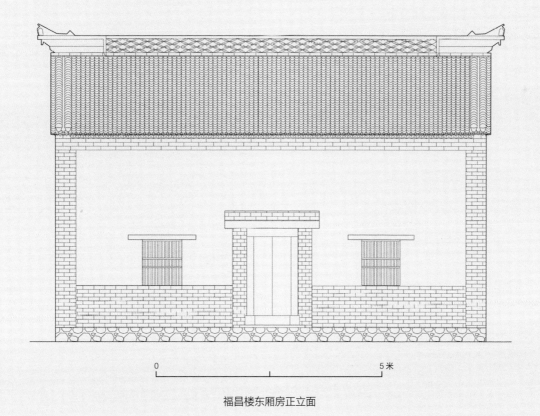

福昌楼东厢房正立面

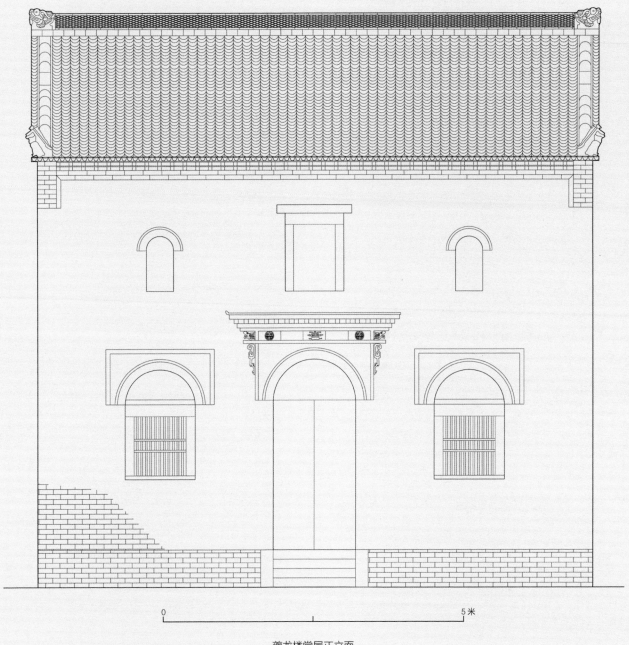

夔龙楼堂屋正立面

1	**2**
	3
4	

1　夔龙楼侧面

2　夔龙楼砖雕门罩

3　夔龙楼院内嵌墙影壁

4　夔龙楼正面

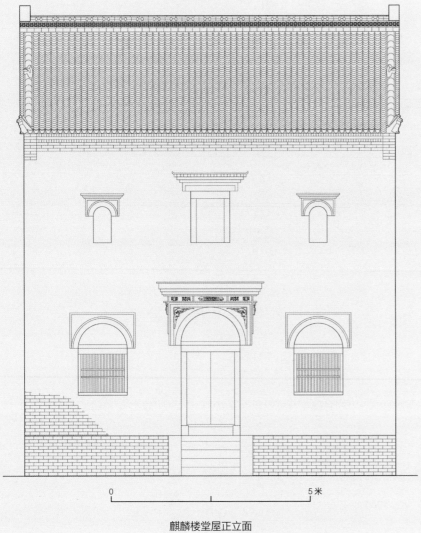

麒麟楼堂屋正立面

0　　　　　　　　5米

麒麟楼东厢房正立面

0　　　　　　　　5米

1　麒麟楼砖雕门罩

2　麒麟楼砖雕

3　麒麟楼正面

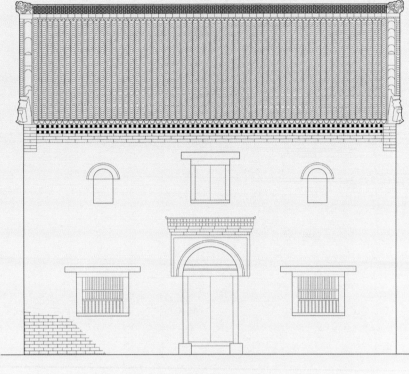

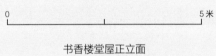

书香楼堂屋正立面

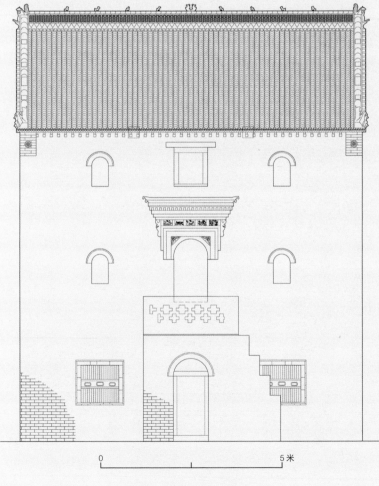

双福楼堂屋正立面

1 2
3

1　双福楼正面

2　书香楼侧面

3　书香楼正面

宋家楼院

宋家楼院位于新密市刘寨镇宋寨村内，修建于明神宗年间（1573～1620年）。

该院落坐北朝南，为合院式建筑。中轴线上自南向北依次布置大门、过厅和主楼。大门、过厅均为砖木结构的硬山式建筑。过厅面阔三间，进深一间，两侧建有配房。过厅后墙西侧建有照壁。主楼为三层楼阁式建筑，面阔三间，进深一间，硬山青瓦顶，墙体磨砖对缝，室内青砖墁地，门窗排列整齐，整体建筑古朴大方。主楼东墙外建有耳房，耳房硬山式砖木结构，二层，灰瓦覆顶。主楼西侧现存配房一座，配房面阔一间，进深一间。该建筑布局严谨合理，对于研究明清古代民居建筑具有一定的参考价值。

2009年8月，被公布为郑州市文物保护单位。

1　2　宋家楼院外景

北

宋家楼院

幼儿园

民居

民居

民居

民居

民居

民居

民居

民居

民居

民居

民居

民居

民居

民居

民居

民居

民居

民居

戏台

宋氏家祠

图　例

房屋
未加固陡坎
陡崖
等级公路
乡村路
小路
灌木林
半荒植物地
植物稀少地
双线沟渠

0　　　20 米

宋家楼院周边环境

1 西偏院后院上房

2 西偏院外景

1 2 室内木雕床

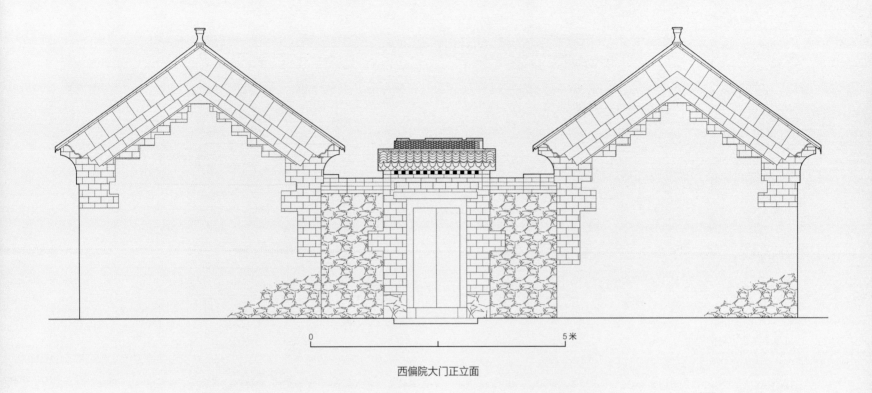

西偏院大门正立面

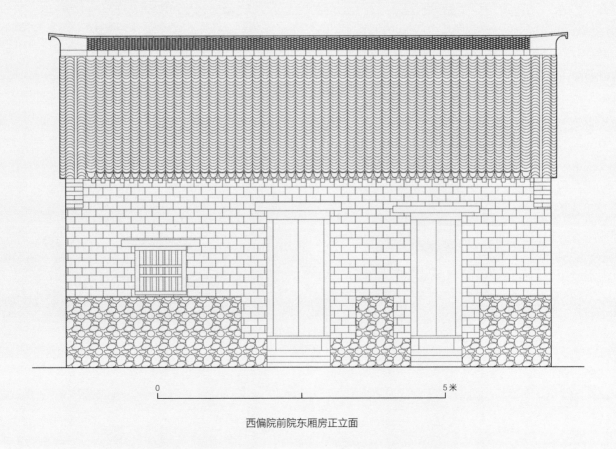

西偏院前院东厢房正立面

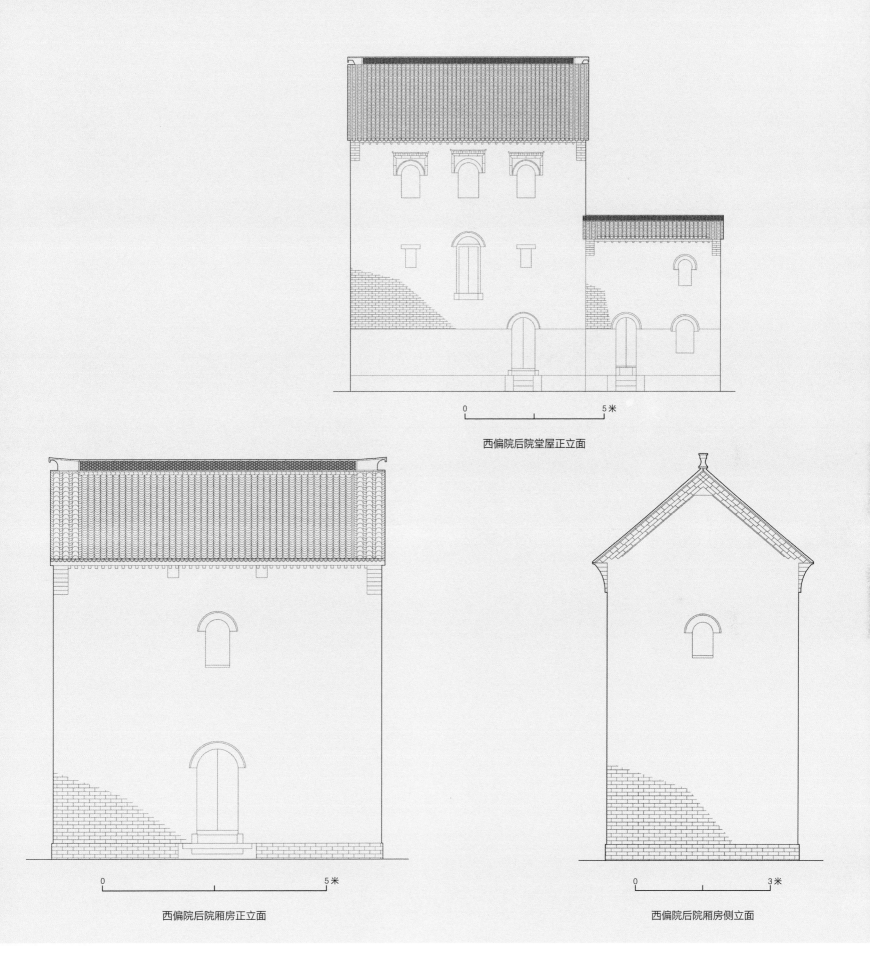

西偏院后院堂屋正立面

0　　　　　　　　　5米

西偏院后院厢房正立面

0　　　　　　　　　5米

西偏院后院厢房侧立面

0　　　　　3米

人和寨村建筑群

　　人和寨村位于新郑市辛店镇。据载，当地百姓为防匪患，于清咸丰九年（1859年）筑寨，取名土桥寨，后取《孟子》"地利不如人和"之义，得名"人和寨"。

　　人和寨周长九里，高约25米，四门三桥，四面临沟河，"十"字穿寨子，是当地有名的寨墙堡垒。寨内原有72条"丁"字街巷，形成东西南北交叉格局，犹如一个迷宫。虽然村中新规划已改变原有的建筑格局，但寨内仍存古巷可寻。

　　村内传统建筑分布较为分散，遗存多为单体建筑，完整合院式建筑仅遗存5处。其中寨内西北侧一处院落保存较好，布局完整，是人和寨内唯一的一处楼院式合院。该院落坐北朝南，为一进式四合院，现存门楼、东西厢房和上房，建筑均为砖石木混合硬山式结构，灰瓦覆顶，花脊。该院上房面阔三间，二层，室内方砖墁地，一层前檐明间正中开板门，两次间辟格子窗，二层每间均设拱券窗。室内抬梁屋架，砌上明造。两侧的厢房为单层。

　　人和寨村人文特色浓厚，"山水融合，天人合一"的建筑特色，被定义为"历史传承与文化交融的传统文明古村落"。

1　民居门楼

2　民居二门

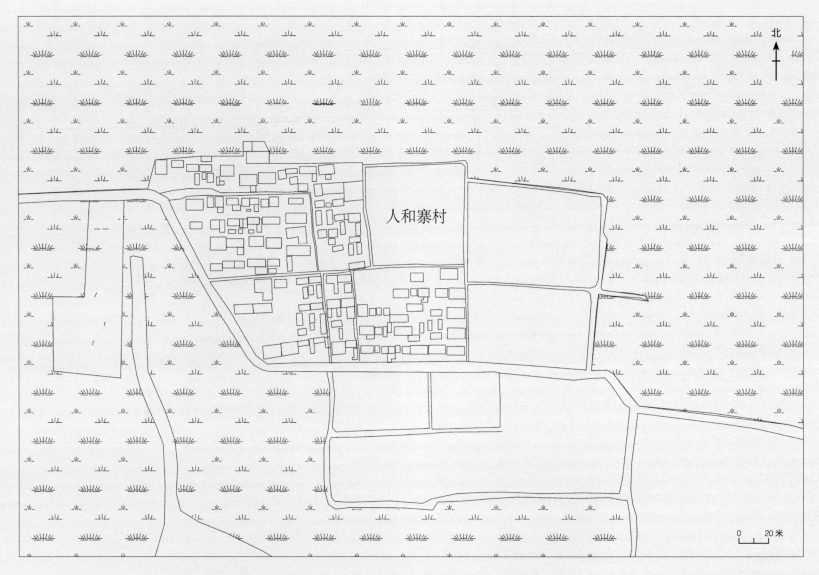

人和寨村

北

0 20米

人和寨村周边环境

❶
❷ ❸

1 3 民居

2 砖雕影壁

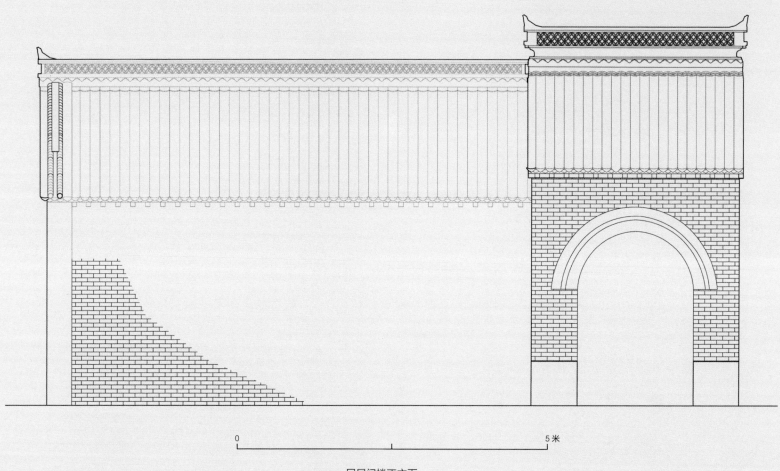

民居门楼正立面

0　　　　　　　　　　　　　5米

民居上房正立面

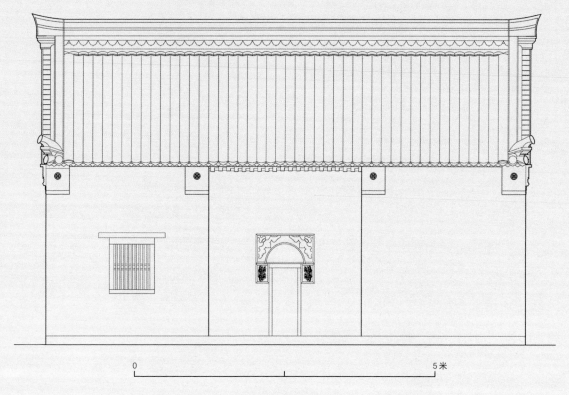

民居厢房正立面

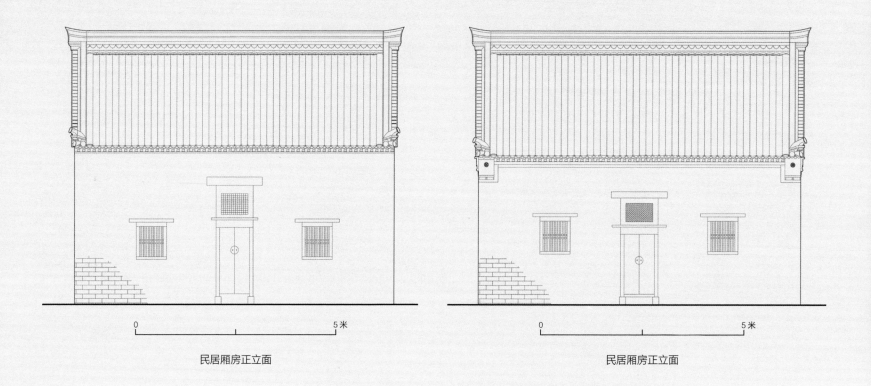

民居厢房正立面

民居厢房正立面

① ②
③ ④

1 2 4　民居建筑

3　建筑细部

千户寨赵氏民居

赵氏民居位于新郑市辛店镇千户寨村村内道路的北侧，背依土山坡，南侧和西侧是新建民宅，东侧为小片树林。

宅院现存上房和东厢房两座建筑，上房坐北朝南，均为两层的硬山式砖木结构建筑，灰瓦覆顶，面阔三间，进深一间。上房、东厢房拱券门之上分别砖雕"勤俭恭恕""耕读继世"匾额，屋脊上安放脊兽，造型精美，做工考究，惜部分已残缺。

该民居保存现状较差，房屋屋面毁坏严重，院内杂草丛生，已无人居住。

❶
❷

1 "勤俭恭恕"匾额

2 上房及厢房

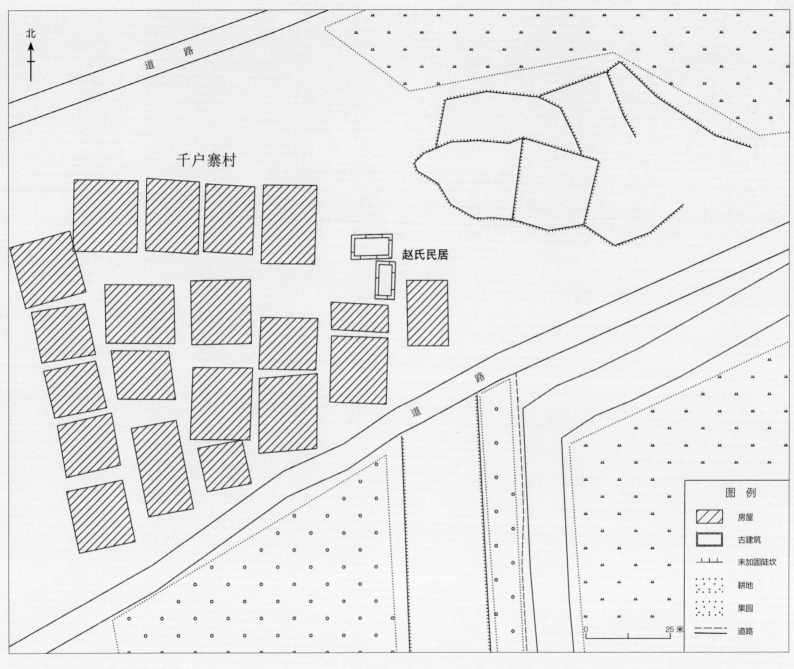

北

千户寨村

赵氏民居

赵氏民居周边环境

图　例

房屋

古建筑

未加固陡坎

耕地

果园

0　　　　　　25 米

道路

1 厢房侧面

2 上房正面

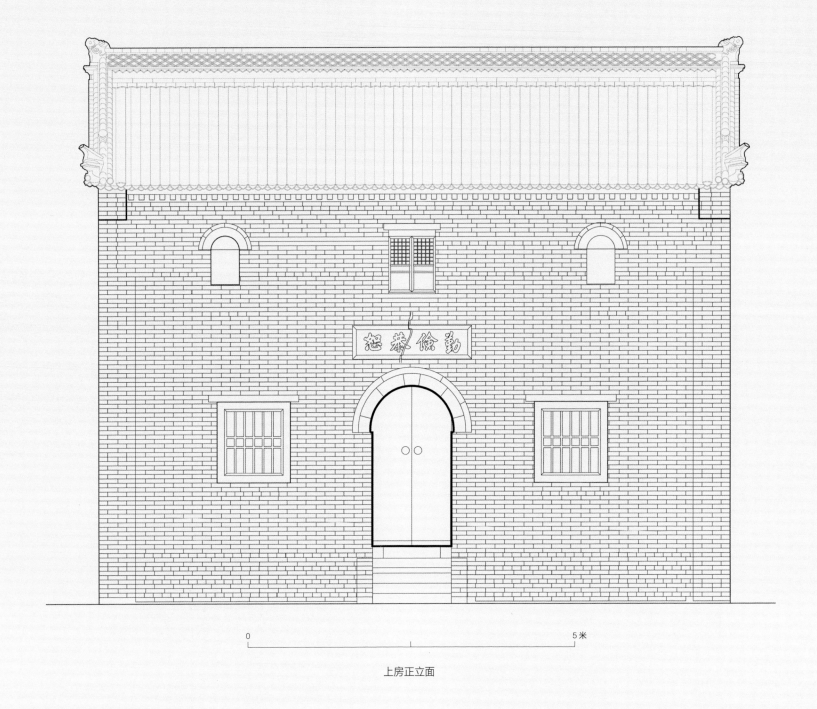

0　　　　　　　　　　　　　　　　　　　　5米

上房正立面

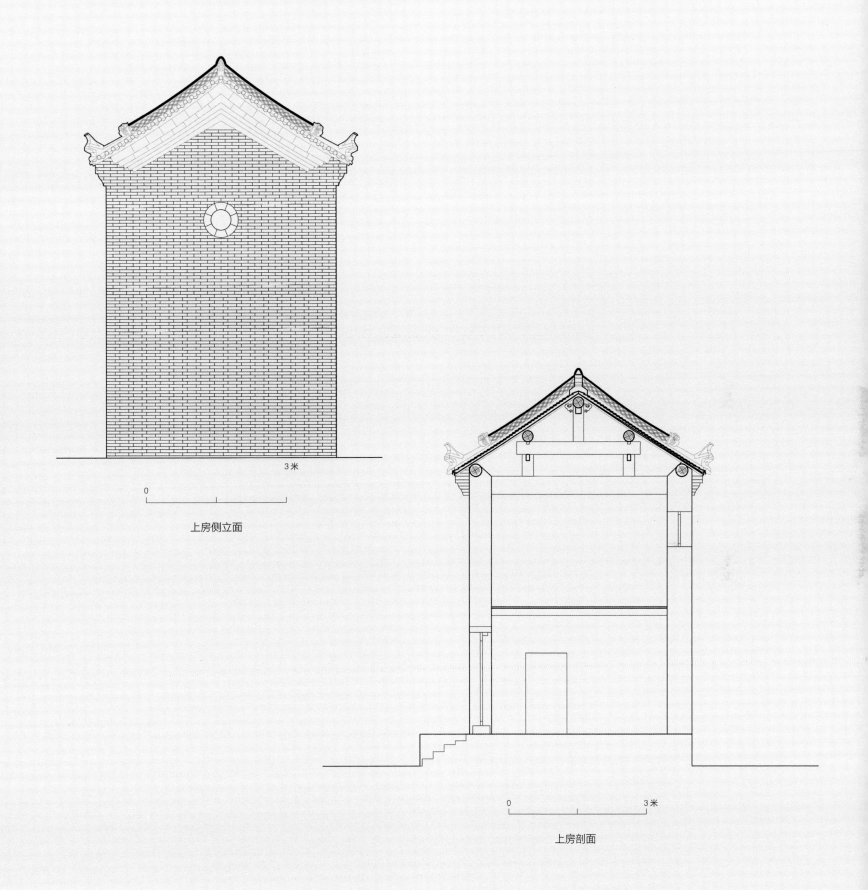

上房侧立面

上房剖面

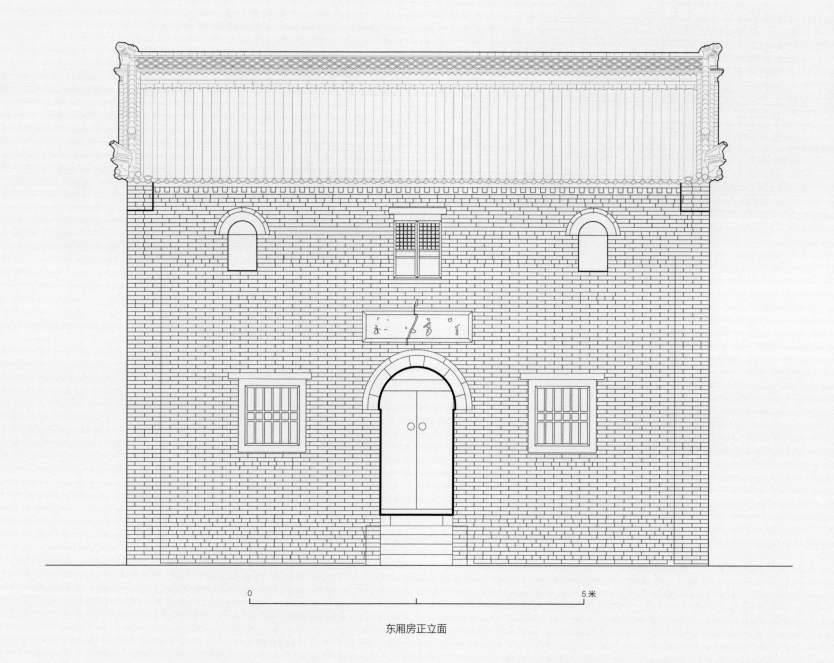

东厢房正立面

0   5米

1 ② ③

1 隔扇窗

2 脊兽

3 厢房正立面

苏寨民居

苏寨民居位于荥阳市广武镇苏寨村，坐东向西，为明清时期建筑。现存前院正房、北厢房、后院正楼等，皆为硬山式砖木结构建筑。

前院正房（过厅），面阔五间，进深一间，高7米。檐下有廊柱2排，前檐用木格扇和槛窗围护，格扇、槛窗和门扇上面雕刻有牡丹、荷花、龙、麒麟、凤凰、仙鹤等图案，造型生动，形象逼真，栩栩如生。正房右侧小阁题"翰墨林"、左侧小阁题"为善乐"，是供公子读书、习字的地方。另外，西南角有精美砖雕图案的墀头。

后院正楼，又称绣楼，是专供姑娘小姐绣花休憩的场所。坐东朝西，面阔三间，进深一间，三层，高约13米，青砖砌筑，墙体厚实。

斜对面为苏氏祠堂，坐西向东，由正房、南北厢房及倒座（含门楼）组成，为四合院式建筑。大门门楣上悬挂"颍滨苗胤"匾额。正房面阔三间，为硬山式砖木结构建筑，小瓦覆顶。南厢房是一座无梁式建筑，为抗日战争时期国民革命军三十八军军部旧址，抗日名将赵寿山将军曾在此居住。近年来，当地政府对民居进行维修，基本再现了苏寨民居独特的建筑风格。

2009年6月，被公布为郑州市文物保护单位。

苏寨民居（含祠堂）俯瞰

1 ❶ ❷
　 ❸ ❹

1	民居门楼
2	民居后院正楼
3	民居前院正房
4	民居正房墀头

① ②
③
④

1 2 3 4　民居屏门木雕

1　祠堂门楼

2　苏氏祠堂

传统村落
历史街区

03

登封三过尧村

三过尧村位于登封市君召乡南端，历史悠久，早在4000多年前就有人类在这里生活。相传上古时期尧帝拜访高士许由，三次路过此处歇脚，故得名。

村内历史遗存较为丰富，有寨墙、寨门、古河道、祠堂、民居、古树、古桥、古井、碑刻等。村内传统建筑主要位于村子的南部，分布较为集中，为清末民初时期兴建，多为一进合院式，建筑的局部保存甚好。村内有王家祠堂，修建于民国时期，建筑基本保留原有规制。另有600年树龄的古槐4棵。

该村西部保留有一座清代寨门，高10余米，宽近10米，厚7米左右。除了拱形门洞用青砖砌筑外，寨门的墙体全部用方形石头垒成。在高大的拱形门上方置"瑞熏"青石牌匾，其右题"大清同治肆年"落款"三过尧西寨立"。寨门内部是一个保存完好的砖石窑洞，下面是窑，上面是房，这种建筑甚是罕见。

关于寨门的由来，据当地老者讲，清朝末年，民不聊生，土匪横行霸道，为防匪患，村子里的大姓人家号召族人修建土寨，以保平安。寨墙就地取材，取大石垒砌而成，高达数米。如今，在寨门的不远处，还依稀可见有寨墙。

2013年，被列入首批河南省传统村落名录。

① ②
　　③

1　王家祠堂

2　祠堂正房侧面

3　民居

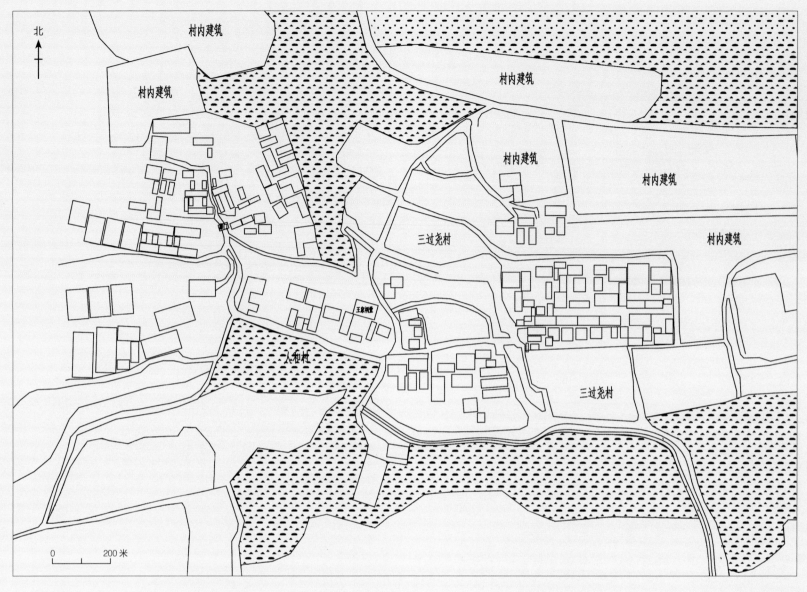

村内建筑

北

村内建筑

村内建筑

村内建筑

三过尧村

村内建筑

村内建筑

三过尧村

王家祠堂

人和村

三过尧村

0   200 米

三过尧村周边环境

1 屋脊

2 村中小道

3 窑洞

4 券门

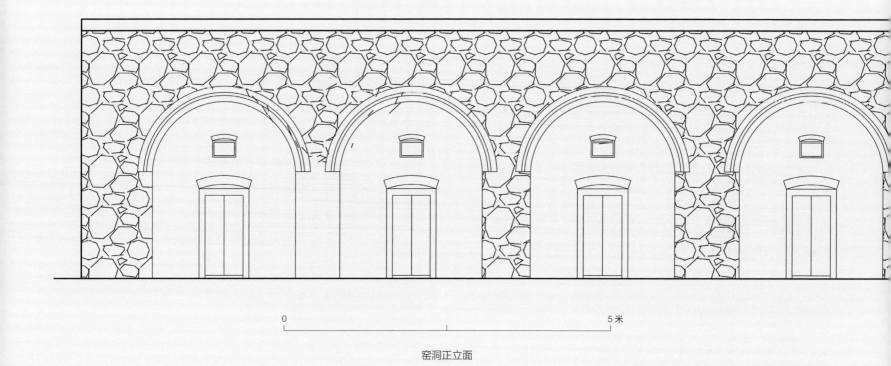

窑洞正立面

0　　　　　　　　　　　5米

0　　　　　　　　　　　5米

民居正立面

民居倒座正立面

民居正立面

0   5米

登封祖家庄村

祖家庄村隶属于登封市少林街道办事处，东距登封市区 4 千米。史载"禹生石纽"，而著名的石纽就在中岳嵩山少室山脚下的祖家庄村。

村内保留有明清时期民居 38 处，共 50 多所，以及大禹文化遗迹。传统民居分布较为分散，多为硬山式，砖石土木混合结构建筑，具有豫西地区民居建筑普遍特征。村旁原有大禹祠，规模宏大，原有房屋数十间，占地面积约 3600 平方米。1965 年被改造成学校。

大禹是华夏民族的人文始祖之一，登封是大禹故里故都所在地。相传大禹出生于少室山下"一溜石纽屯儿"的祖家庄。至今祖家庄一带还保留了大量的民间传说和民俗民风，印证了大禹文化在登封具有广泛的基础，也使登封作为大禹故里故都拥有更完整的证据体系。

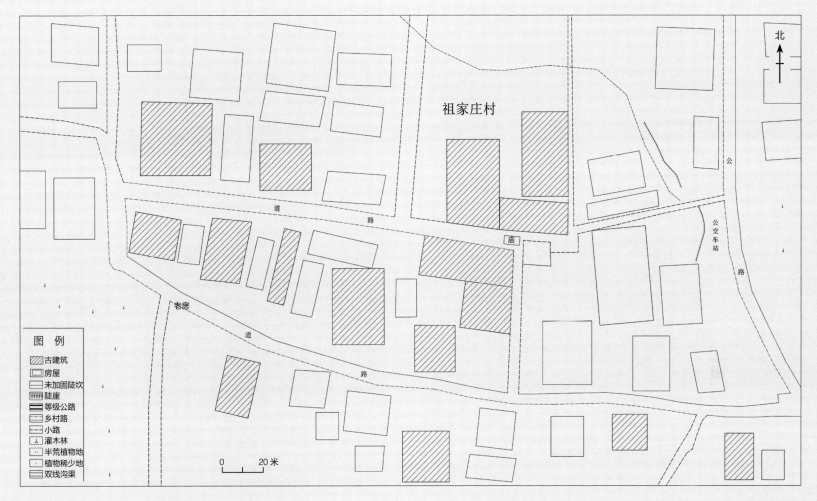

图 例

古建筑
房屋
未加固陡坎
陡崖
等级公路
乡村路
小路
灌木林
半荒植物地
植物稀少地
双线沟渠

祖家庄村

北

庙

公交车站

公

路

道 路

老房 道 路

0   20米

祖家庄村周边环境

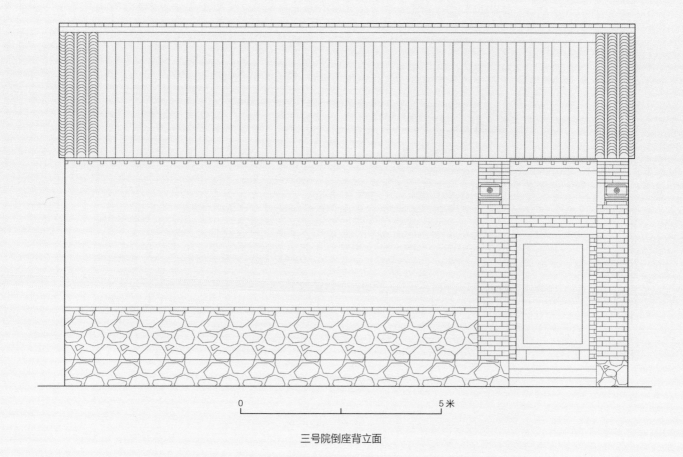

0   5米

三号院倒座背立面

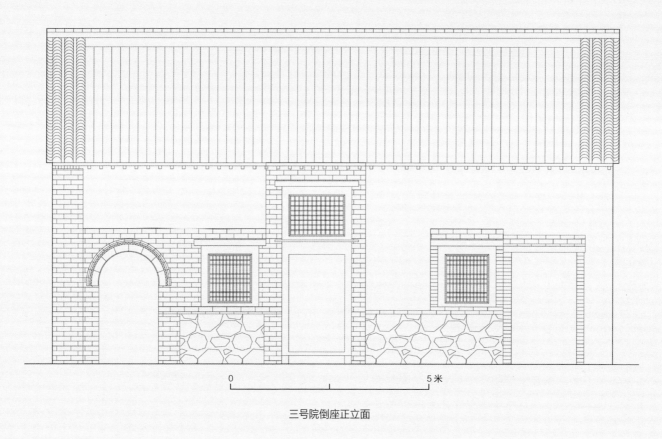

0   5米

三号院倒座正立面

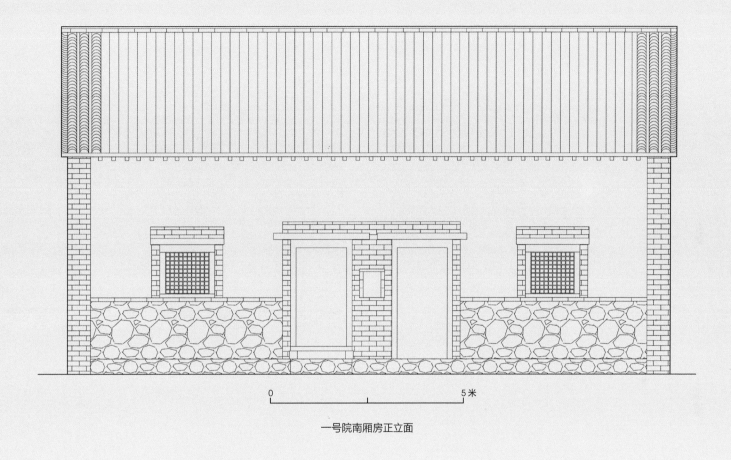

一号院南厢房正立面

0　　　　　　　　　5米

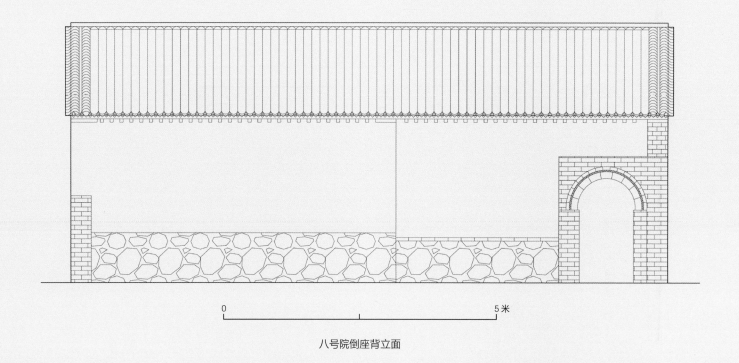

八号院倒座背立面

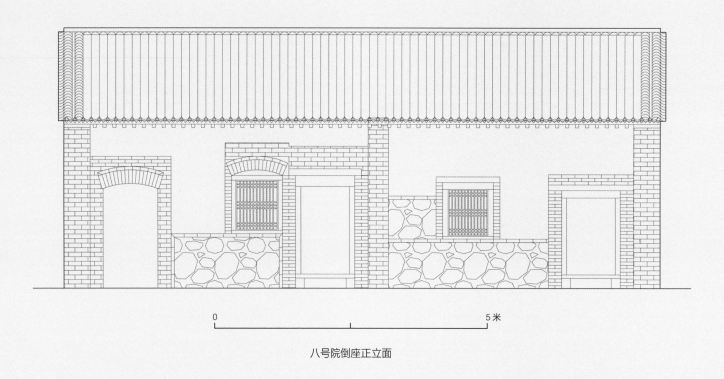

八号院倒座正立面

2

1 建筑脊饰

2 四号院门楼

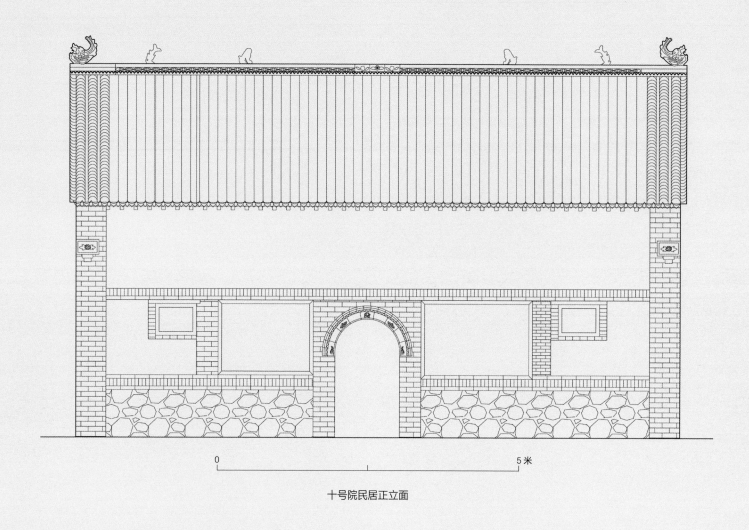

十号院民居正立面

0   5米

二十五号院民居正立面

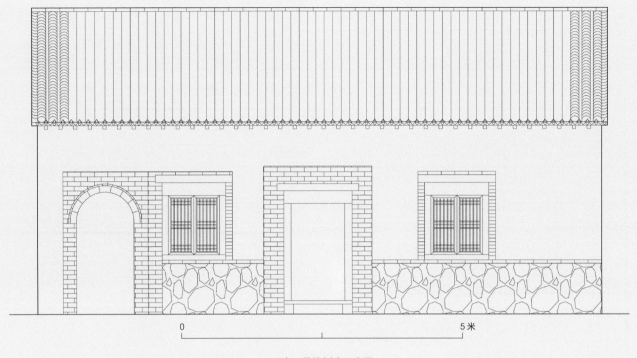

三十二号院倒座正立面

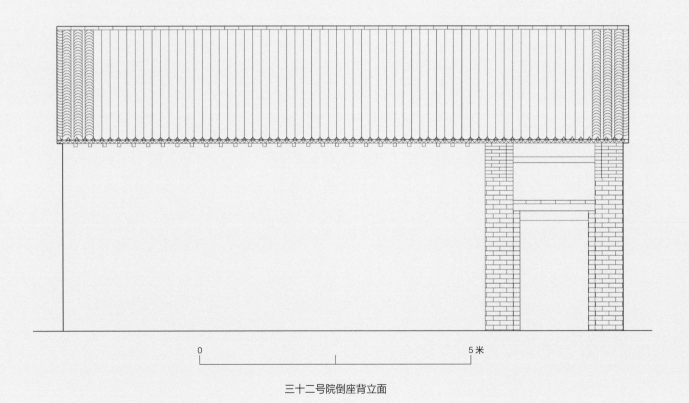

三十二号院倒座背立面

1

2 3

1 民居屋面

2 民居侧面

3 室内梁架

登封柏石崖村

柏石崖村位于登封市徐庄镇，地处半山腰岩壁之上，四周群山环抱，一湾天然溪水辗转流下，穿村而过，寥寥落落的人家，散落在溪水两岸。一条迂回的石径和几座小小的石拱桥，串联起几十栋石屋。

柏石崖村始建于清中期，距今已有近200年的历史。因地处偏僻，交通不便，村内的石砌房、小四合院、石砌窑洞、石墙瓦房依旧保留完好。村内的奇木异石众多，形状各异。树龄在200年以上的树木有数棵。该村曾以抗战时期的八路军豫西抗日后方医院而闻名，旧址现存窑洞25孔，建筑50余座，包括医院病房、手术室、护士住室、仓库、药房、管理办公室、伙房、水井等。

据记载，1944年9月29日，皮定均司令员率豫西抗日先遣支队来到登封，在白栗坪和马峪川（今徐庄镇）一带建立了抗日革命根据地。为了救治伤病员，皮定均司令员便决定把豫西抗日后方医院设立在这里，先后有200多名伤病员在这里接受了治疗，为抗日战争做出了积极的贡献。

2014年，被列入第三批中国传统村落名录。

村内建筑群俯瞰

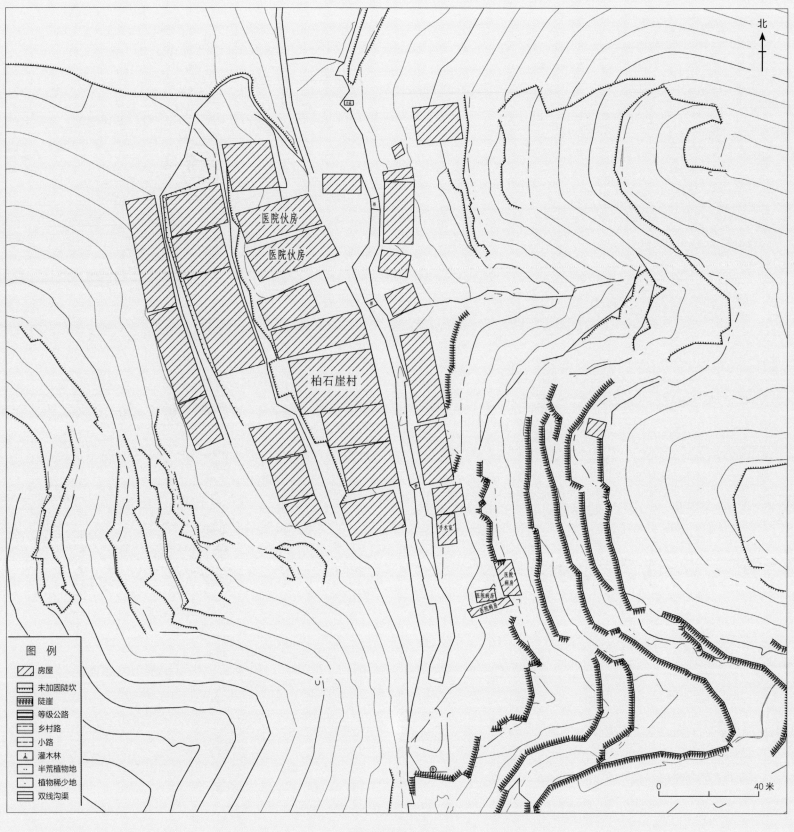

图例

图例	
▨	房屋
⊢⊣	未加固陡坎
⊞	陡崖
▤	等级公路
⊟	乡村路
⊟	小路
▲	灌木林
⋯	半荒植物地
·	植物稀少地
▤	双线沟渠

北

医院伙房

医院伙房

柏石崖村

手术室

医院病房
医院病房

0   40 米

柏石崖村周边环境

1 八路军后方医院干部病房

2 八路军后方医院手术室

3 八路军后方医院护士住室

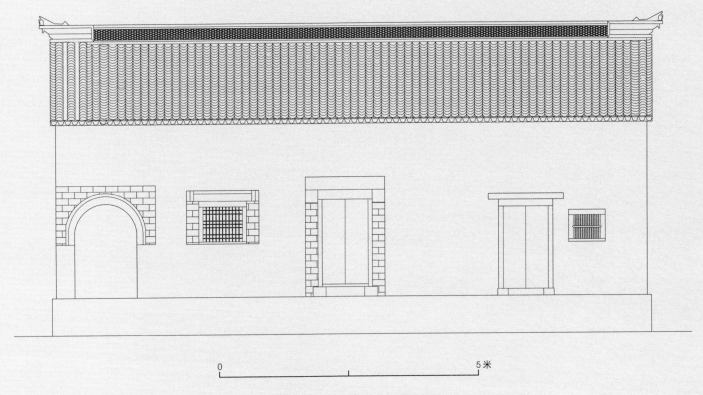

0　　　　　　　　　　　　　　　　　5米

八路军后方医院旧址干部病房正立面

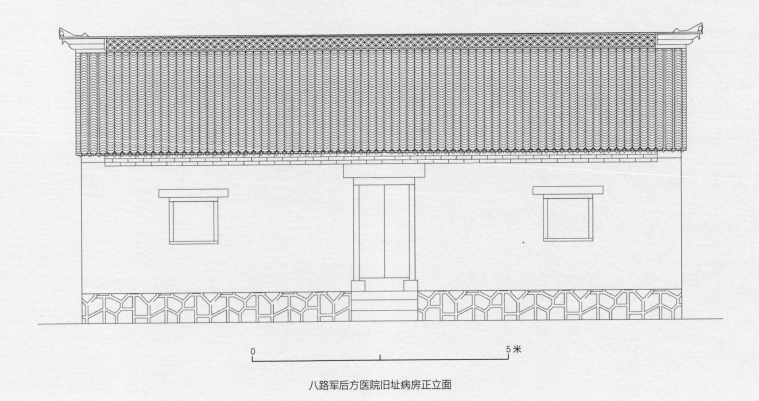

0　　　　　　　　　　　　　　　　　5米

八路军后方医院旧址病房正立面

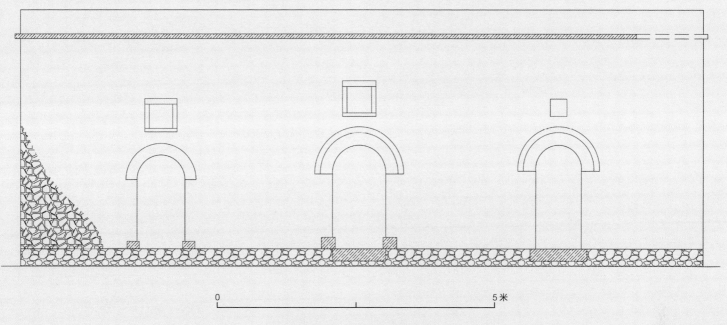

0   5米

八路军后方医院旧址手术室正立面

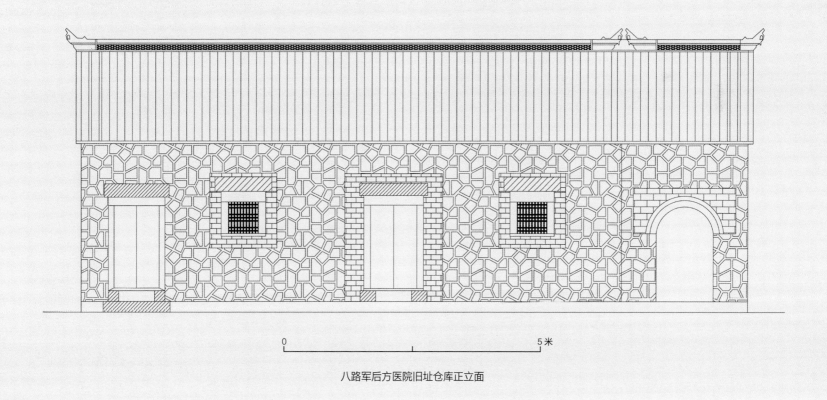

0   5米

八路军后方医院旧址仓库正立面

新密范村

范村位于新密市米村镇西北，村内历时格局保持完整，现存明清时期宅院 14 处，另有古树、古井、古庙宇等。宅院多坐北朝南，多数为合院式布局，由大门、耳房、配房、影壁、过厅、厢房、主楼等建筑组成。

李氏楼院，原为前后二进式布局，现仅存大门、倒座、后楼及厢房。后楼和厢房均为二层的硬山灰瓦建筑，砖石木混合结构。整个院落从南向北依次抬高，后院的楼院在整个院落属最高。现存建筑均有不同程度的破坏，保存状况一般。

位家楼，始建于清乾隆年间（1736～1795年），高 10 余米，为硬山式砖木结构建筑，有木棚楼梯，是当时位家的过屋楼，保存完好，十分雄伟壮观。

施氏旧宅，原为一进式合院建筑，现仅存厢房、倒座和门楼。另有施氏"二道门楣"老宅，保存完整。这些建筑具有典型的地方特色，建筑多以青石条为基础，起到加固的作用。当地居民为了丰富建筑的色彩，墙体中又加入了砖界池子，使外墙呈现石条垒砌、石灰做浆、黑矾勾缝的建筑特点。

2015 年，被列入河南省传统村落名录。

 ②

③

1 李氏民居门楼

2 门楼细部

3 上房侧面

范村周边环境

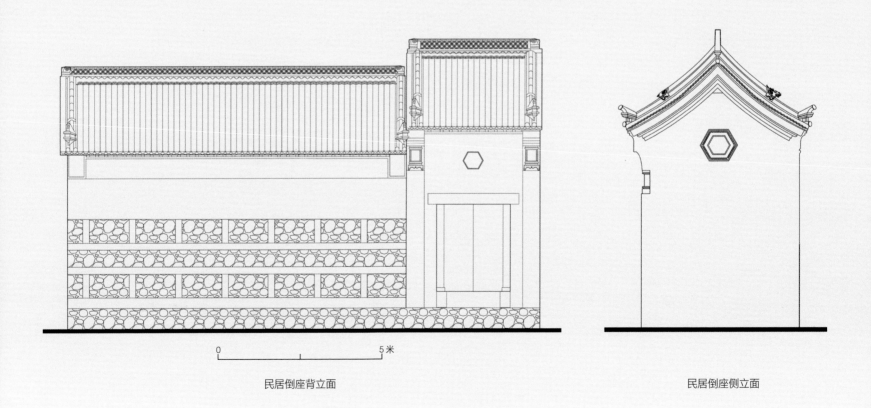

民居倒座背立面

民居倒座侧立面

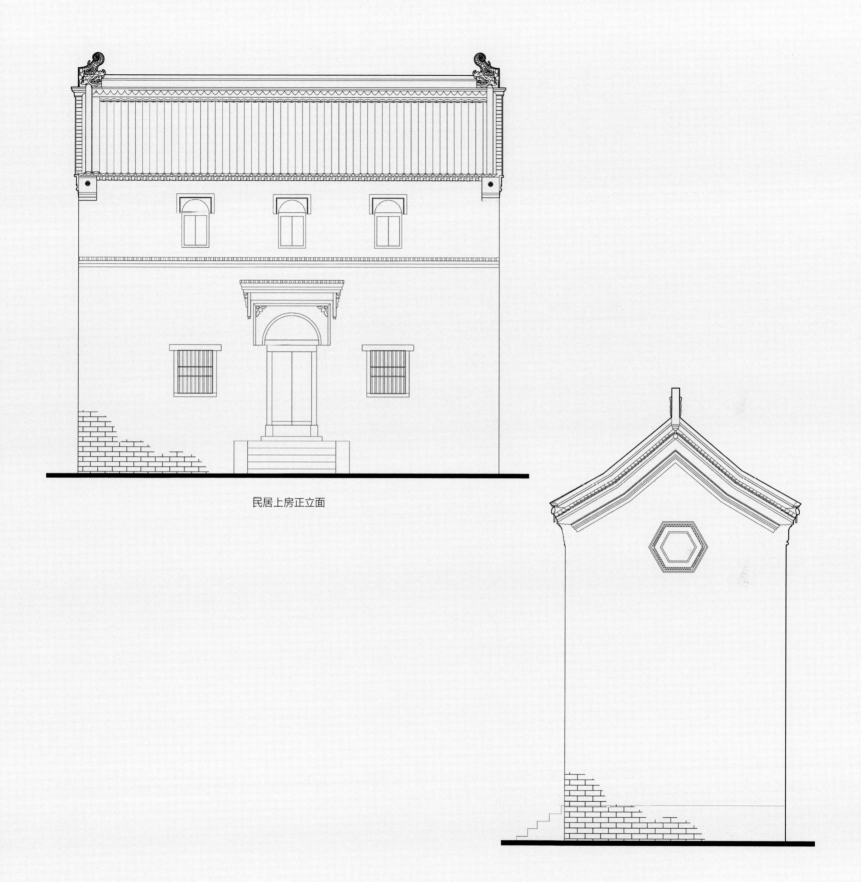

民居上房正立面

民居上房侧立面

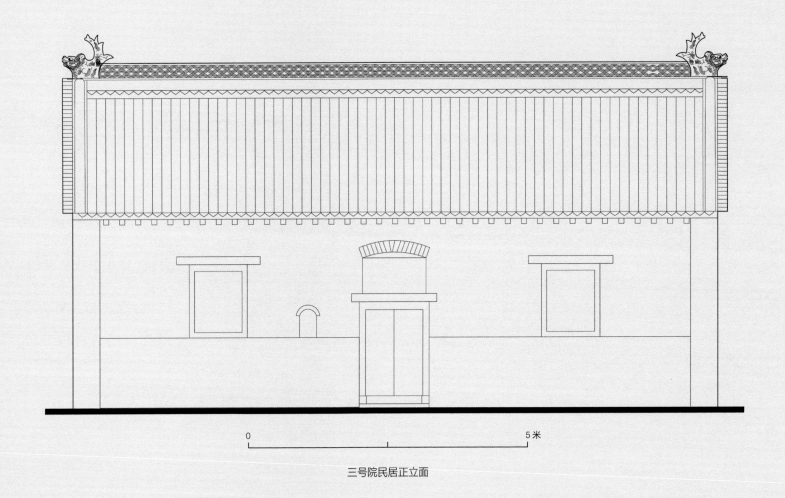

0   5米

三号院民居正立面

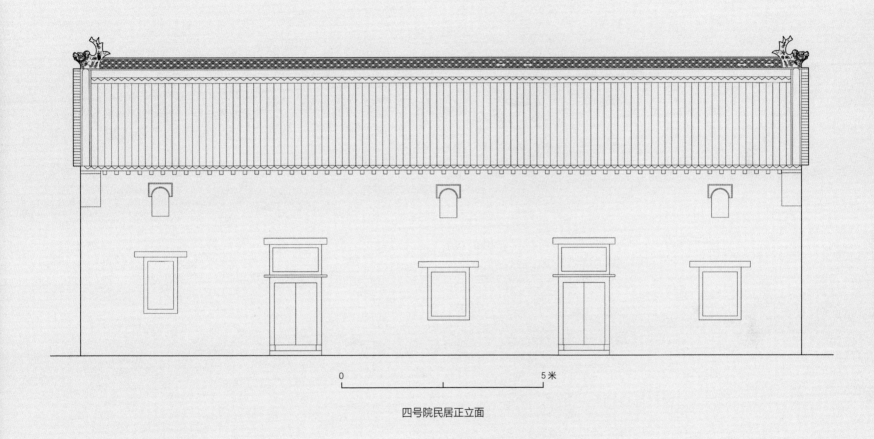

四号院民居正立面

0   5米

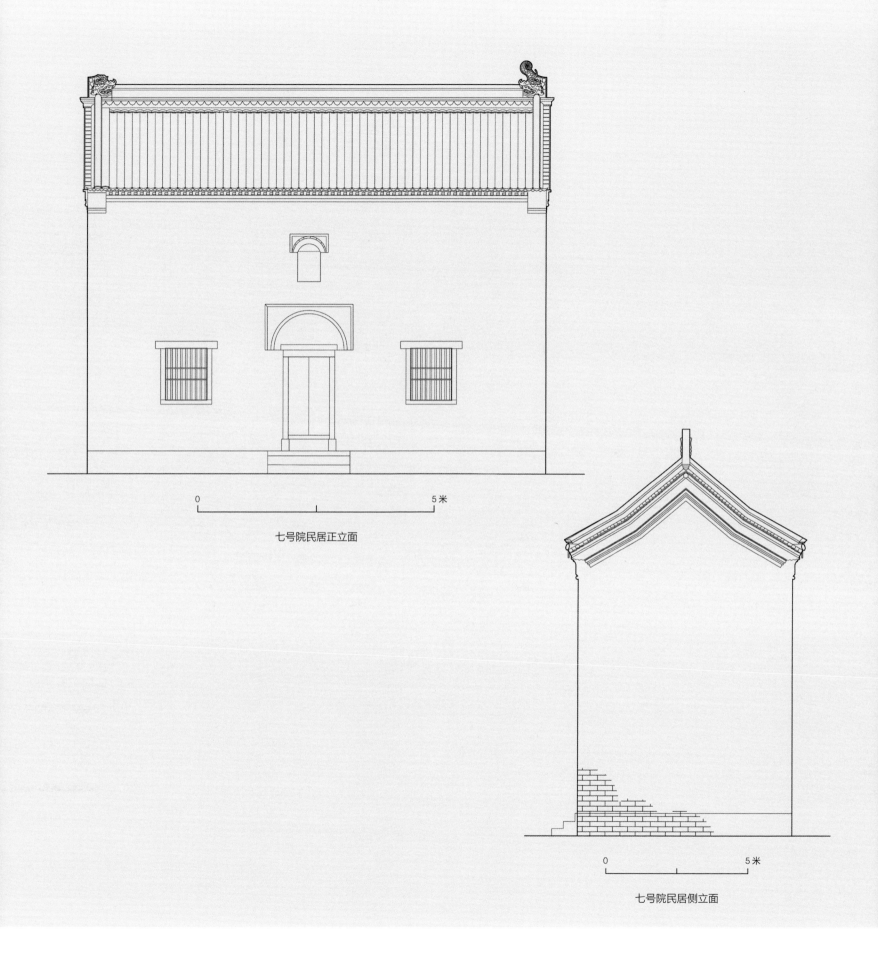

七号院民居正立面

0　　　　　　　　　5米

七号院民居侧立面

0　　　　　　　　　5米

1　2

3

1　施氏二进式四合院

2　门楼

3　倒座

中牟朱固村

朱固村位于中牟县雁鸣湖镇东部。村内保留的传统建筑多集中在村委大院的东侧，建筑多为20世纪五、六十年代所建，建筑数量较多且集中，地方建筑特色较为明显。完整的合院式建筑保存甚少，多为单体建筑。这些建筑多数仍在使用中，部分已废弃。

据《史记·孔子世家》记载，孔子过宋抵郑，与弟子相失，回车去陈国。相传其回车处即此。村内原有夫子回车庙，因黄河泛滥庙毁，重建于东漳寨内，今基址尚存。

2016年，入选郑州市历史文化风貌特色村。

1　一号民居上房侧面

2　一号民居上房

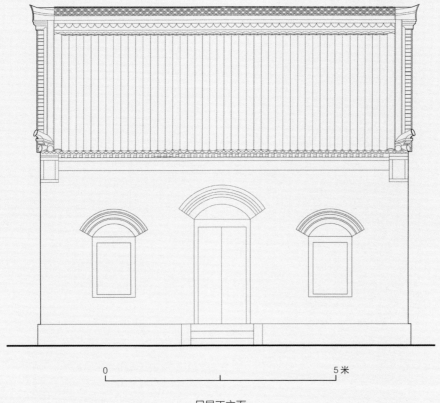

0   5米

民居正立面

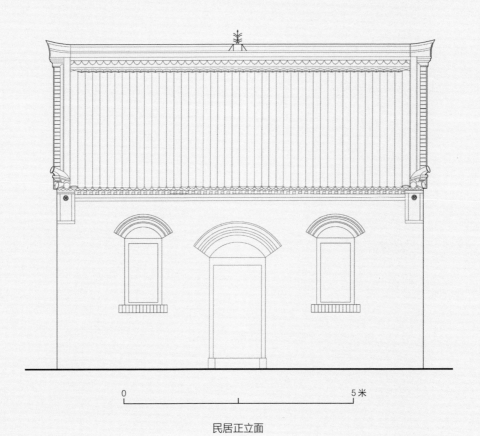

0   5米

民居正立面

① ②
③ ④

1	二号民居
2	木窗
3	三号民居上房
4	四号民居上房

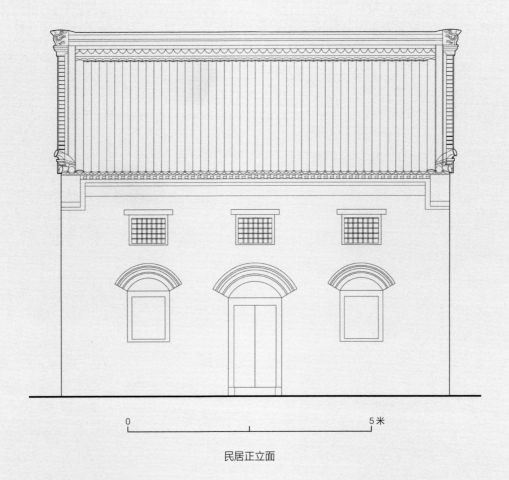

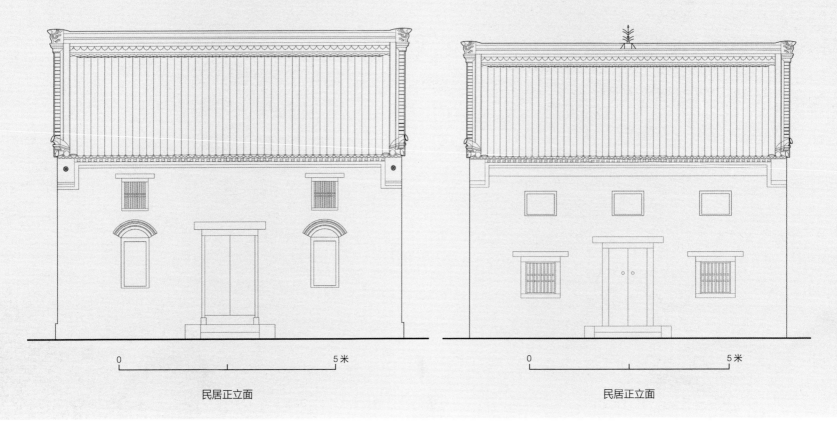

民居正立面

0   5米

民居正立面

0   5米

民居正立面

0   5米

1　五号民居正面

2　八号民居侧面

1 2 3 4 民居墀头

登封大金店老街

大金店老街位于登封市大金店镇，现存老街区全长约 1500 米，东西走向，呈西窄中宽东略宽的倒葫芦形。由西向东依次分为西街、中街、东街。村内保留有较多古建筑，另有古寨墙 3 处。

村内宅院以老街东西为轴，南北相对而居，坐落着十几户式样、布局、规格大致相当的一进式三、四合院。现存比较完整、保存较好的当属王惠麟宅院，当地习惯称作"王家大院"。该院坐南朝北，东西跨院，建筑面积近 2000 平方米。王家大院建造坚固，有花岗岩条石铺底，上砌老式大青砖，墙体宽 1 米，高 5 米左右。

老街中段路北有南岳庙，当地人俗称大庙，始建于南宋时期。金人入中原，金兀术下令在大金店中街府君庙旧址兴建南岳庙，以"位配南岳"。南岳庙现存正殿三间，大小月台各一个，保存较完整。

南岳庙后院内为嵩阳读书会大金店分会，1932 年 2 月，原中共西华县中心区宣传委员张艺文在大金店完小（即南岳庙）担任教师，并进行抗日救亡宣传，影响和带动了一批教师和学生成为抗日积极分子。

2013 年，被公布为全国重点文物保护单位。

临街商铺

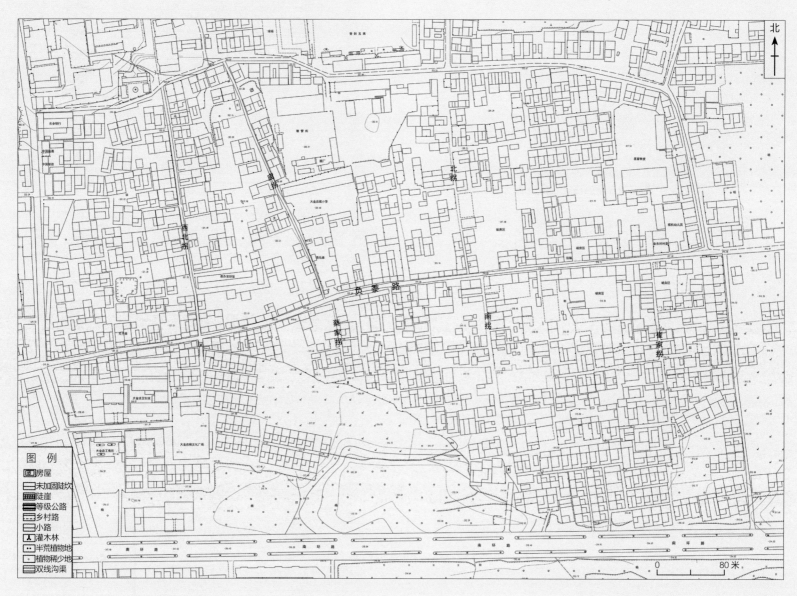

北

大金店老街周边环境

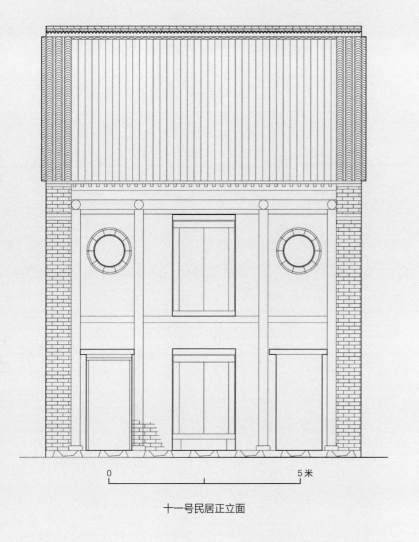

0   5米

十一号民居正立面

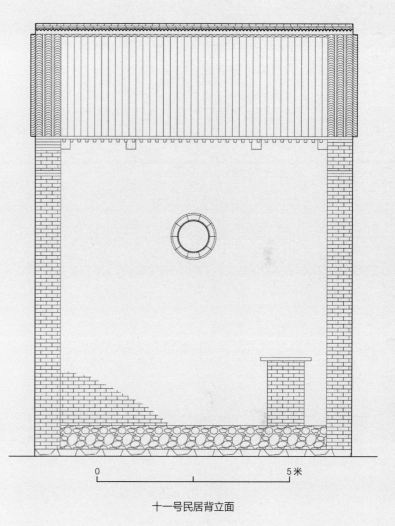

0   5米

十一号民居背立面

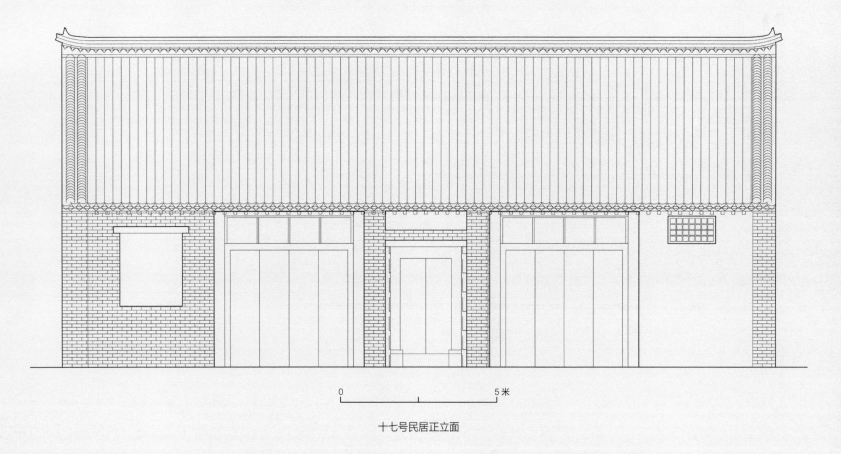

十七号民居正立面

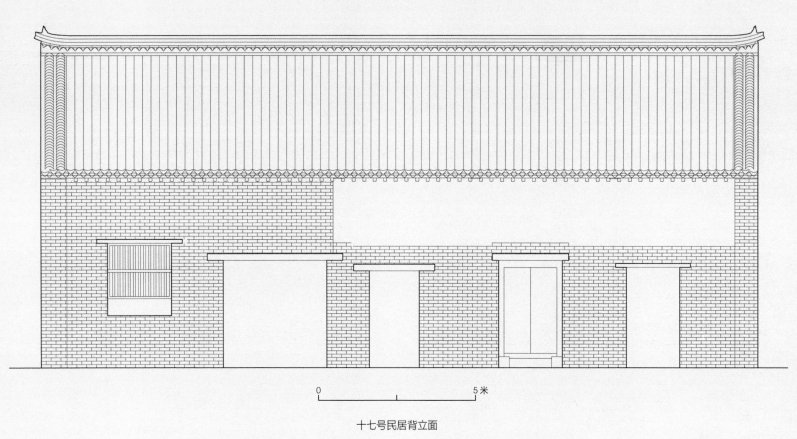

十七号民居背立面

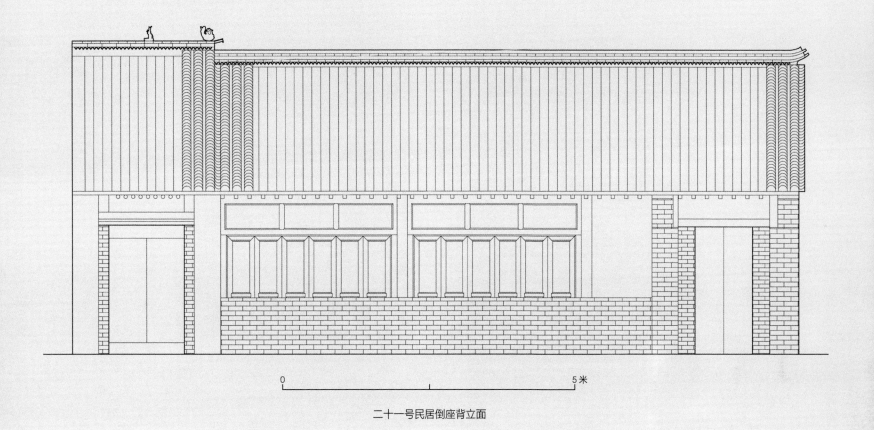

二十一号民居倒座背立面

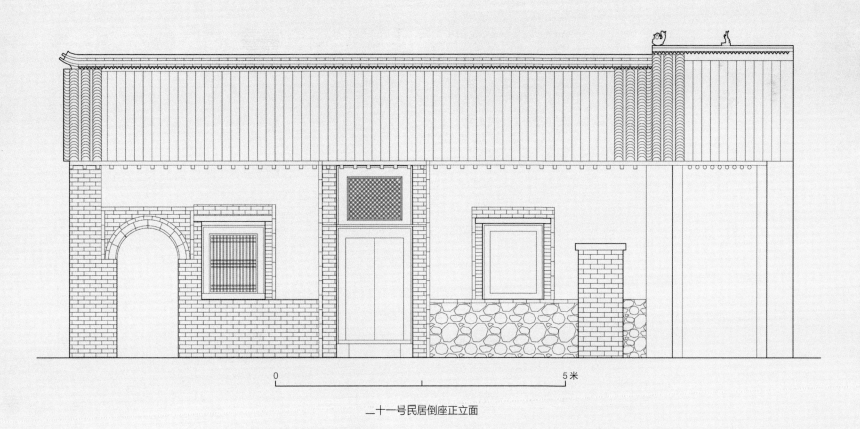

二十一号民居倒座正立面

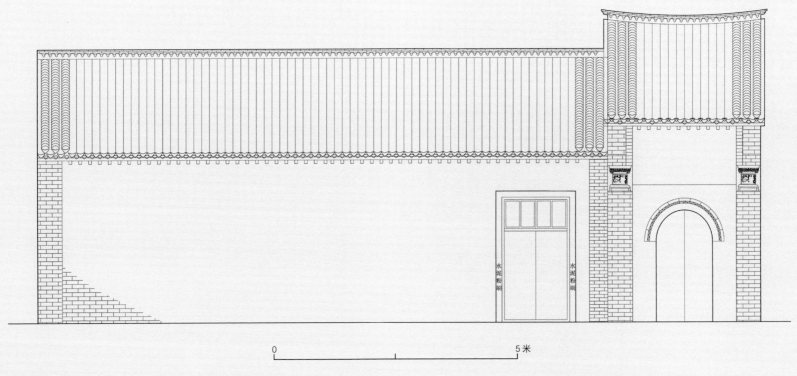

水泥粉刷 水泥粉刷

0 5米

三十五号民居倒座背立面

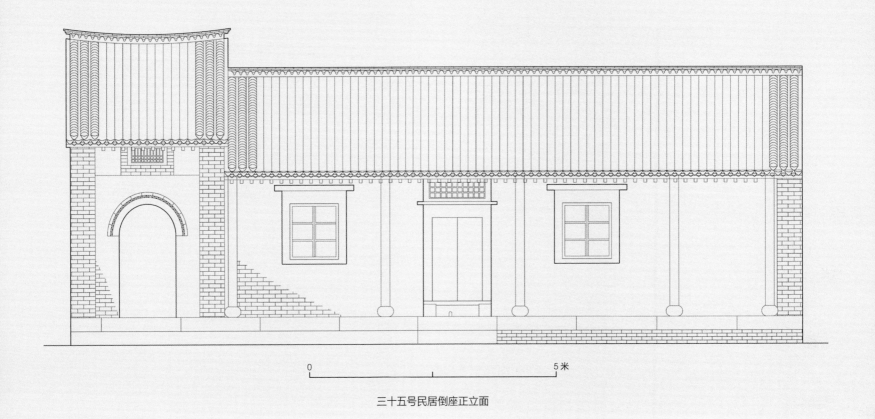

0 5米

三十五号民居倒座正立面

1　三十五号民居屋脊

2　十七号民居倒座

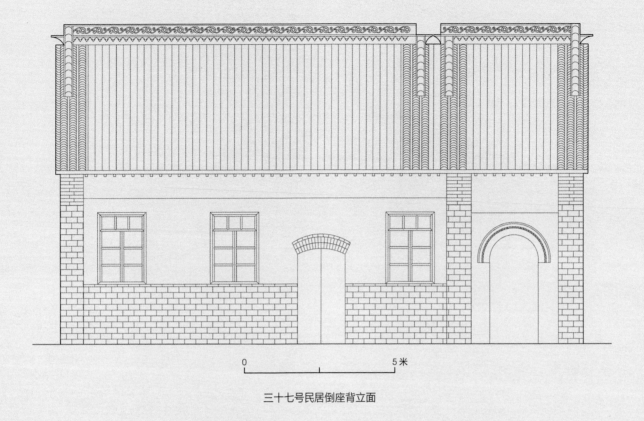

三十七号民居倒座背立面

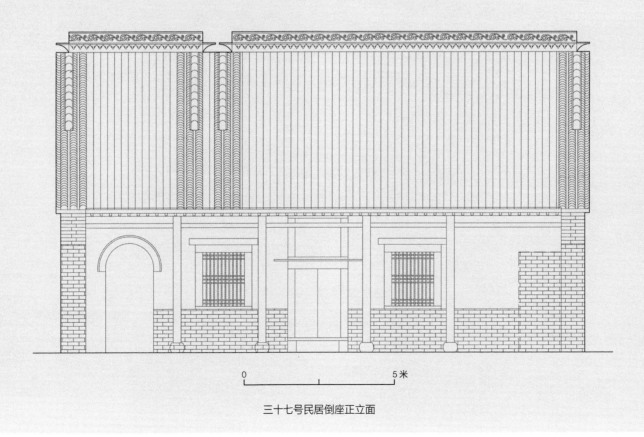

三十七号民居倒座正立面

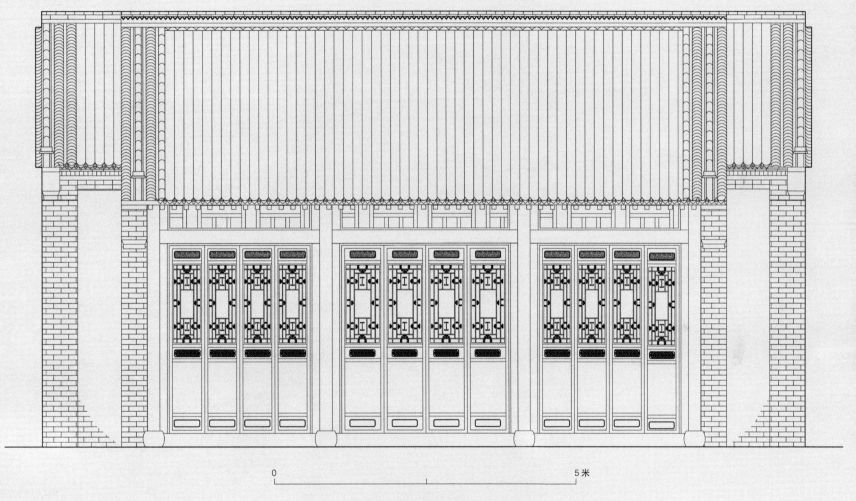

0   5米

三十七号民居堂屋正立面

1　2　民居屋脊

登封君召老街

君召乡位于登封市西约20千米处，马鞍山南麓，文化底蕴丰厚。境内有黄城遗址、常寨遗址、大潕沱遗址、东河遗址和南洼遗址等。

君召村原名"军赵"，村落始建于明朝末年。在清康熙五十年（1711年）起集市，建街镇。咸丰十年（1860年）登封知县曾某来君召，适逢关帝庙修葺立碑纪念，曾知县把"军赵"改写成"君召"，以示君王号召太平盛世之意；另一说是根据《论语》中"君命召，不俟驾行矣"演化而得名。

君召老街保存有明清时期建筑3处，其余建筑多为1958年村子统一改造后所建的硬山建筑，有供销社、土地所（税所）、电影院（礼堂）及老粮所4处建筑，其余均为民居。

老街保持了原有的传统格局，街巷体系完整，村内历史遗存较为丰富，有商号、民居建筑、庙宇、碑刻、匾额、古树等。村内的传统建筑分布较分散，多为合院式，保存完整的有万生堂古商号、赵氏民居、张家围院、王家大院等建筑群。

2012年，被公布为第五批河南省历史文化名镇。

1　2　村内民居

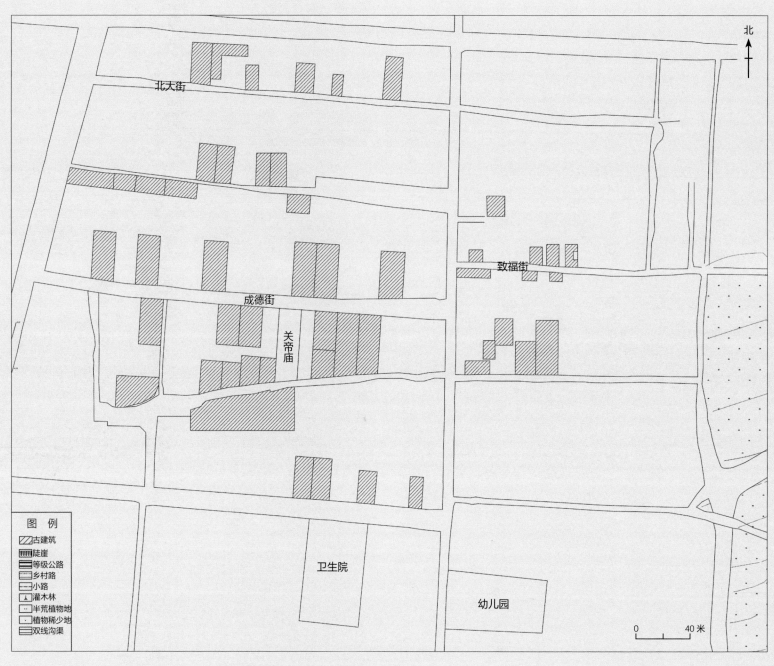

北

北大街

致福街

成德街

关帝庙

图　例
古建筑
陡崖
等级公路
乡村路
小路
灌木林
半荒植物地
植物稀少地
双线沟渠

卫生院

幼儿园

0　　　40 米

君召老街周边环境

1 门楼脊饰

2 建筑屋面

3 室内梁架

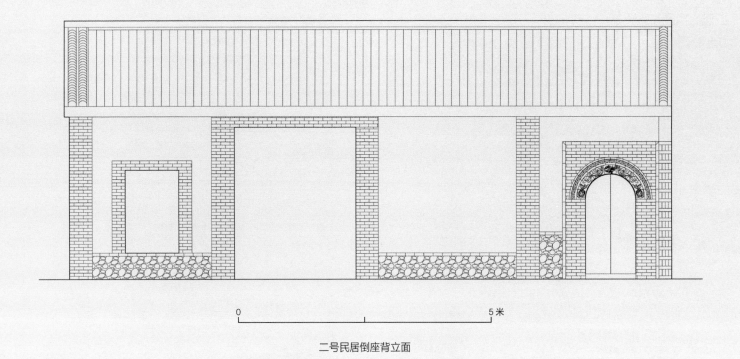

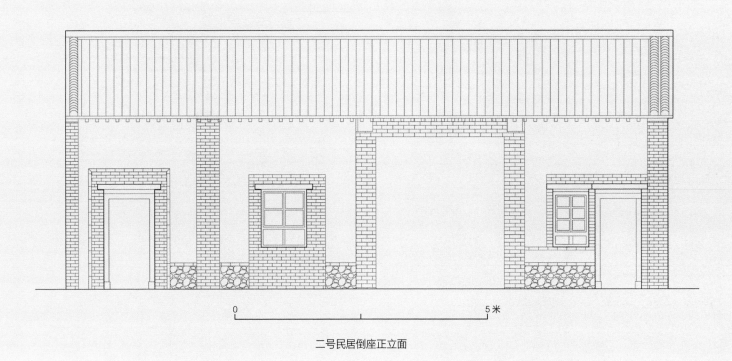

二号民居倒座背立面

二号民居倒座正立面

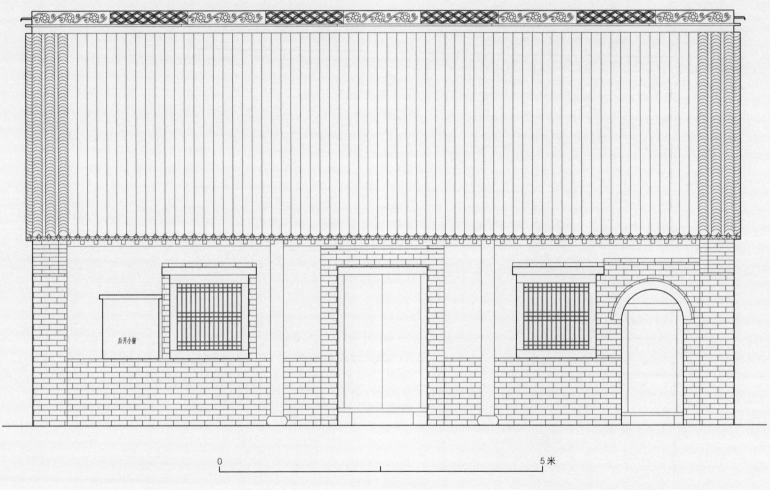

后开小窗

0   5米

五号民居堂屋正立面

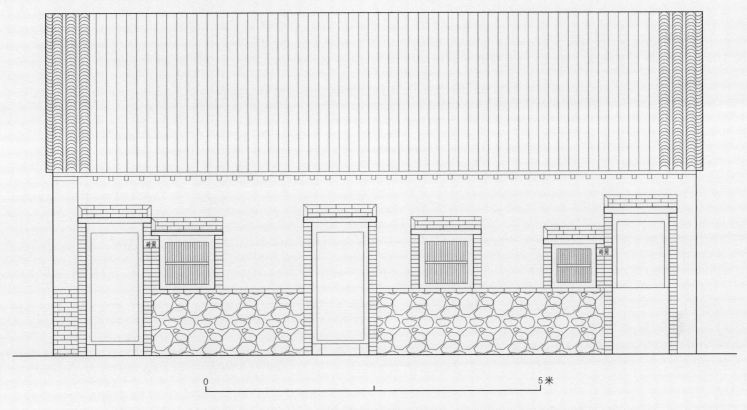

0   5米

五号民居东厢房正立面

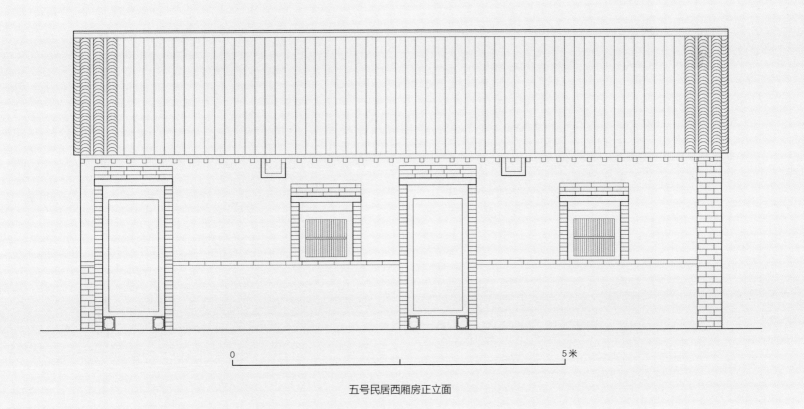

0   5米

五号民居西厢房正立面

登封卢店老街

卢店镇地处中岳嵩山腹地，位于登封市东 12 千米处，地理位置优越，交通条件便利，是中外游客游赏嵩山少林名胜的必经之地，亦是登封市对外交流的重要窗口。

卢店老街西部保存有完整的民国时期街道布局，老街两侧保留有部分民国时期至 20 世纪 80 年代前的建筑，如民国时期的"前店后坊""两进四合院"等风格的建筑布局，中华人民共和国成立后兴建的"供销社""卫生所"等建筑，虽已做他用，但仍保留着原建筑形式和格局。街道两侧的鹅卵石路面、明清建筑石柱础、上马石、门墩等仍依稀可寻。

随着城镇化发展及农村生活条件的改善，大部分老建筑已拆除更新，被钢筋水泥大楼和高层建筑所替代，这些老街老建筑正在逐渐淡出人们视线，保护传承历史街区的完整性和延续性，就是留住城市的"根"与"魂"。

老街商铺

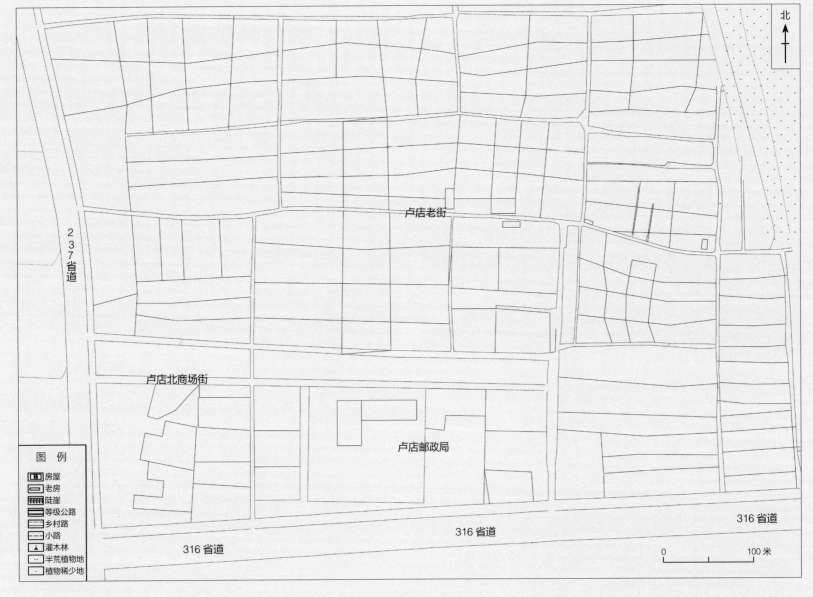

北

２３７省道

卢店老街

卢店北商场街

卢店邮政局

316 省道

316 省道

316 省道

图 例

房屋
老房
陡崖
等级公路
乡村路
小路
灌木林
半荒植物地
植物稀少地

0　　　　100 米

卢店老街周边环境

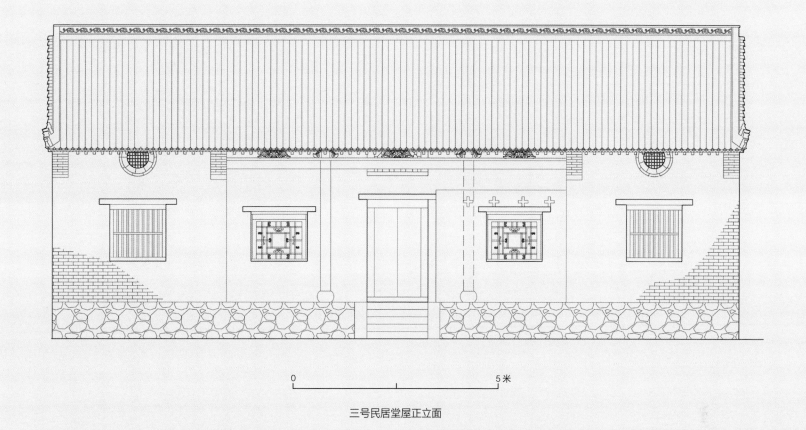

0　　　　　　　　　　5米

三号民居堂屋正立面

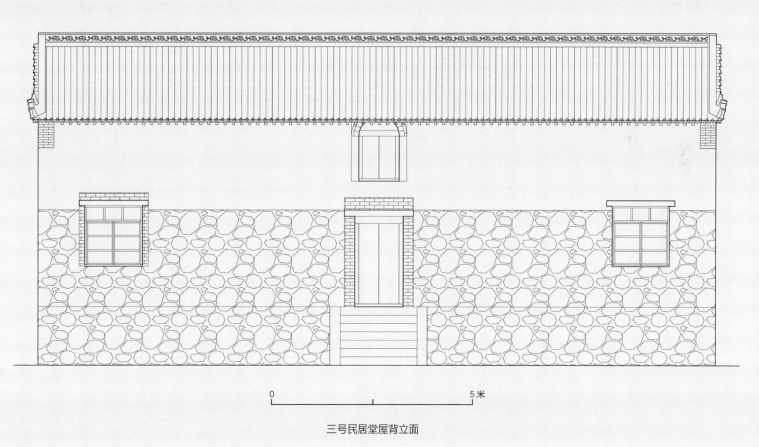

0　　　　　　　　　　5米

三号民居堂屋背立面

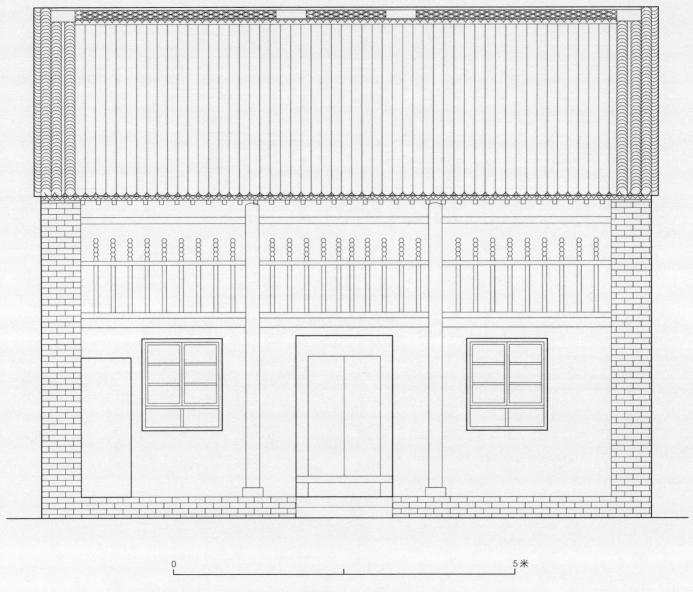

0   5 米

四号民居正房正立面

 ❶
❷

1 六号民居侧面

2 九号民居

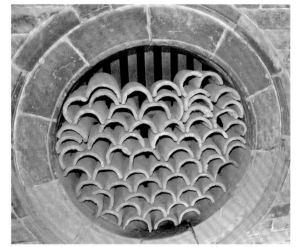

① ②
③ ④
⑤

1	民居建筑细部
2　4	圆形窗
3　5	建筑脊饰

建筑其他

04

万泉楼

　　万泉楼位于巩义市西村镇东村南 500 米，民国十八年（1929 年）由村民集资修建。建筑西侧为一壕沟。

　　此楼面阔三间，青砖砌筑，高四层，西侧墙体下部用红石垒砌。楼门上方镶嵌一磨砖方框，楷书"万泉楼"3 字，右边题"民国十八年"，左边书"仲秋创修"，皆涂朱色。楼体一层上方为磨砖，叠涩出檐；二层中间为拱形出檐，两侧开有两个圆形瞭望孔，孔下为十字形射击孔；三层为六角形瞭望窗。楼内东壁上方嵌青石碑一块，详细记载了此楼的修建经过。

　　据当地居民介绍，1945 年前后，国民党县政府曾在万泉楼办公。现保存状况较差，部分墙体已开裂、坍塌。

　　2007 年 12 月，被公布为巩义市文物保护单位。

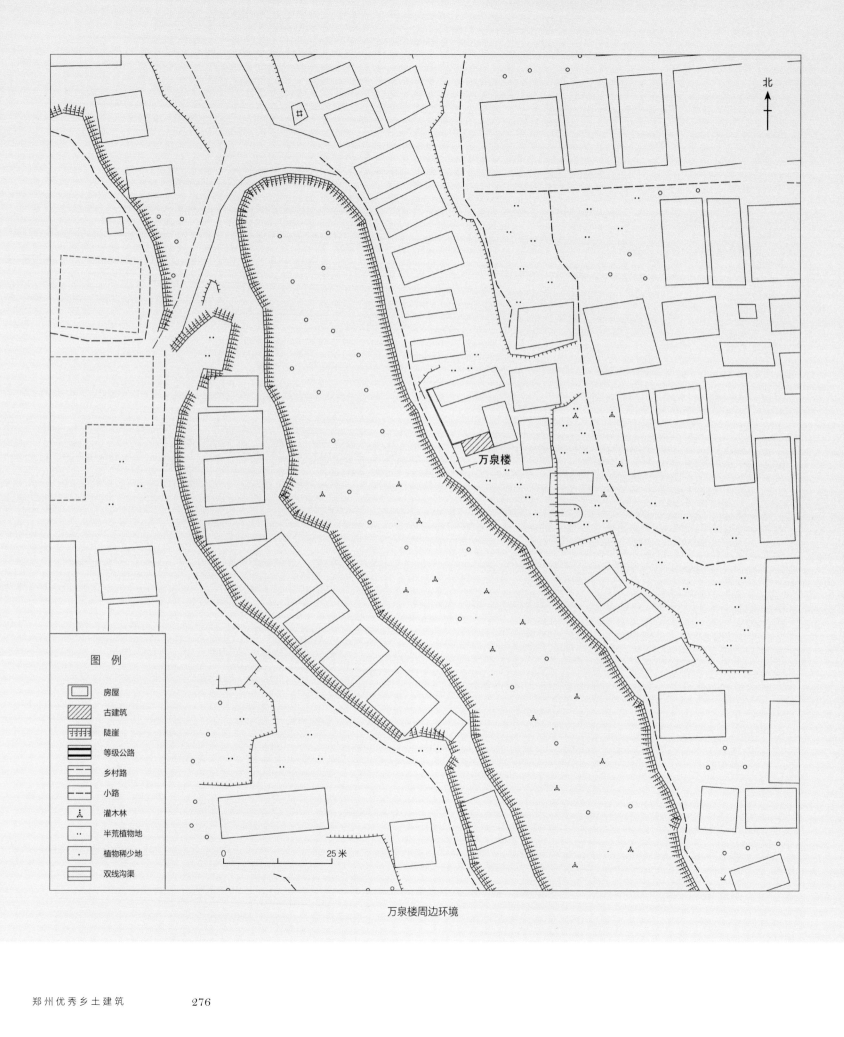

北

图 例

	房屋
	古建筑
	陡崖
	等级公路
	乡村路
	小路
	灌木林
	半荒植物地
	植物稀少地
	双线沟渠

万泉楼

0   25 米

万泉楼周边环境

1 2 万泉楼

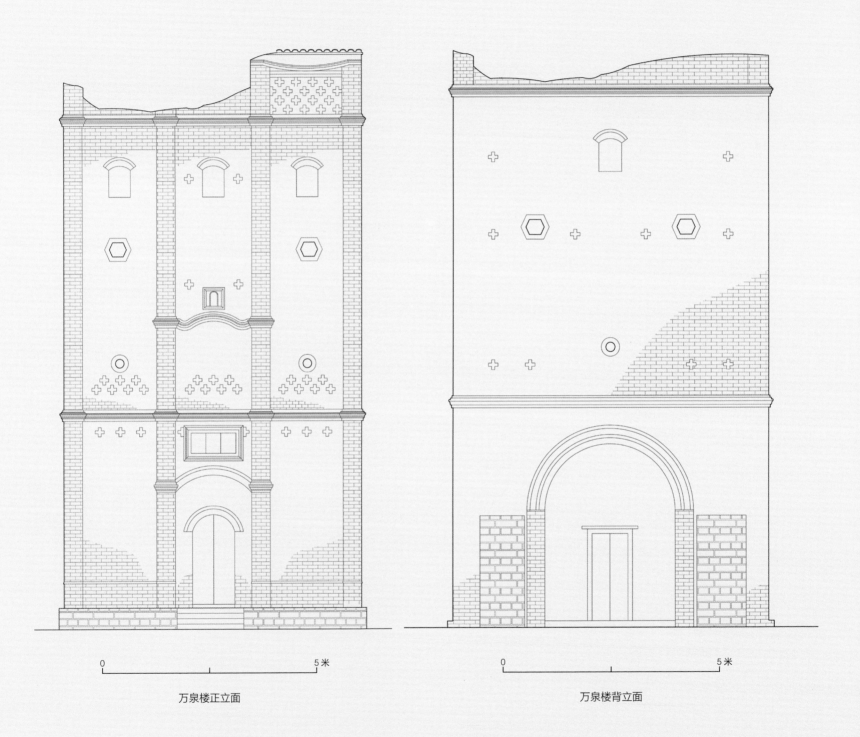

0　　　　　　　　　　5米　　　　　　　　　　　0　　　　　　　　　　5米

万泉楼正立面　　　　　　　　　　　　　　　　　万泉楼背立面

1　"万泉楼"匾额

2　瞭望孔及射击孔

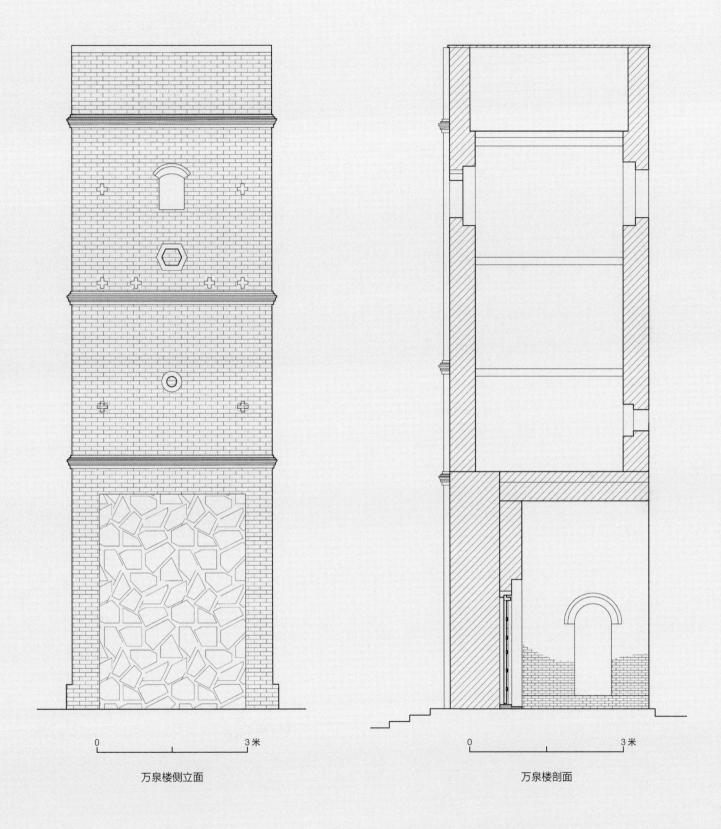

万泉楼侧立面 0 3米

万泉楼剖面 0 3米

魁星楼

魁星楼位于巩义市大峪沟镇柏林村东北 300 米。据柏林村白衣观音堂内所镶碑碣《施舍高楼序》记载，此楼为清代张茂宗所创建。

该楼为硬山式砖木建筑，共四层，东西长 5.5 米，南北宽 4.05 米，高约 13 米。底层内可架梯而上，原有棚板已不存。一层被当地民居所遮挡，半地下式。

南壁开天窗 5 个，东壁 4 层上开天窗 1 个，西、北壁各设天窗 3 个；二层上部和三层下部连檐处下施 4 个砖砌龙头斗拱，中间饰莲花、卷草纹。1964 年建筑遭遇雷击，墙体出现一条宽约 10 厘米的裂缝，目前建筑保存基本完好。

2007 年 12 月，被公布为巩义市文物保护单位。

魁星楼

北

魁星楼

0   25 米

魁星楼周边环境

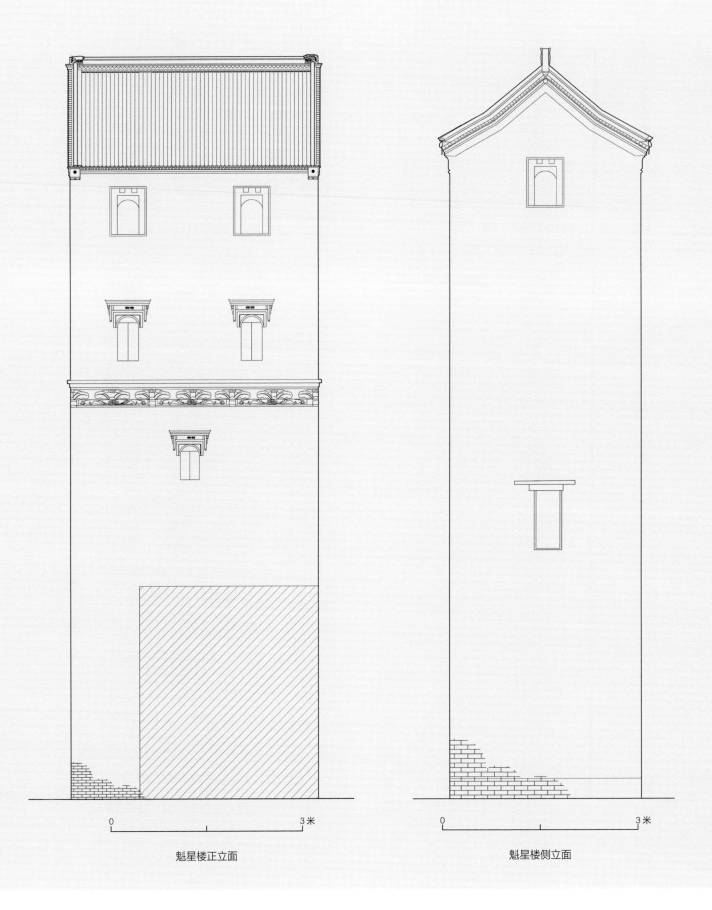

0   3米

0   3米

魁星楼正立面   魁星楼侧立面

护村碉楼

王楼村碉楼位于登封市石道乡王楼村西部。据楼内镶嵌的《重修王楼碑志》记载，碉楼创建于明代万历年间（1573～1620 年），村名即由该楼而来。碉楼的主要作用是为了看护田间庄稼，后来又增添了看护宅院的功能。

该楼坐南朝北，共分为四层，高约 16.40 米，占地面积约 15.41 平方米。砖木结构，硬山，小瓦覆顶。一层正门为砖券，门额上刻有精美的瓣形垂幔。正面二层、四层各开天窗两扇，三层上部开一高窗，东西山墙上四层皆开一窗，窗户均为砖砌拱券状。楼内二至四层木制楼板均已毁坏无存，楼内的东北角留有楼梯道入口，人可凭木梯攀登至顶层。整座楼用青砖白灰垒砌，保存较为完好。

2009 年 6 月，被公布为郑州市文物保护单位。

碉楼南侧

① ②
③ ④

1 3 碉楼南侧细部

2 雕楼侧面券窗

4 碉楼侧面

惠济桥

惠济桥位于郑州市惠济区惠济桥村，是修建于大运河通济渠（俗称运粮河）上的一座古桥。据清乾隆十一年（1746 年）《荥泽县志》载，"惠济长桥"曾为古荥泽八景之一。

该桥始建于隋唐年间，现存石桥为明代建造。为三孔拱券石桥，东西长约 40 米，宽 5 米，青石桥面遗留较深的车辙痕迹，清晰可见。桥两侧原建有雕刻精美的青石护栏，两头建造壮观的桥楼。经"大跃进""破四旧"两次大的破坏，桥的原貌黯然失色。如今仅剩下桥面，但仍为车辆通行要道。惠济桥作为隋唐大运河通济河段的重要交通驿站之一，曾一度促进了当地商业、寺庙等方面的繁荣，这种繁荣局面一直持续到清末和民国时期。

2010 年，配合中国大运河申遗工作，郑州市文物考古研究院对惠济桥南北两侧的河道进行了全面的调查、勘探，并于 2012 年对该桥进行了科学的考古发掘工作，2014 年完成桥体加固维修和桥楼恢复工作。

2009 年 6 月，被公布为郑州市文物保护单位。

修缮后的惠济桥

其他建筑

惠济长桥（取自清乾隆《荥泽县志》）

桥面车辙痕

❶ ❷
❸ ❹

1　考古发掘现场

2　分水尖

3　燕翅及金刚墙

4　桥洞

熊耳桥

　　熊耳桥位于郑州市管城区南关大街上的熊儿河上，原名熊儿桥，始建年代不详。康熙年间的《郑州志》中记载"熊儿桥，在南城阜民门外"，可见在此前该桥已存在。

　　该桥原为单孔石桥，乾隆三年（1738 年）知州张钺重修。乾隆十年（1745 年），张钺为解除水患，再次率人重修，并增石券一孔，桥孔为一伏一券式，用大方石排列砌造。券上有禽鸟等雕饰，正中券顶刻一兽头，怒目大嘴。伏石左右两角各刻一龙，造型精美。道光十八年（1838 年）郑州知州王宪也曾集资修整，并赋诗留存："雉堞城头添壮彩，熊儿桥畔没溪痕。"1978 年，郑州市政府对该桥进行了扩修，对桥基洞券加高加固，对桥面加长加宽，两边加修人行道，铺设柏油路面，两侧仍为水泥护栏。扩修后桥长 27.9 米，宽 13 米，高 6.3 米。该桥是郑州市内历史悠久且至今仍在使用的砖石桥梁。

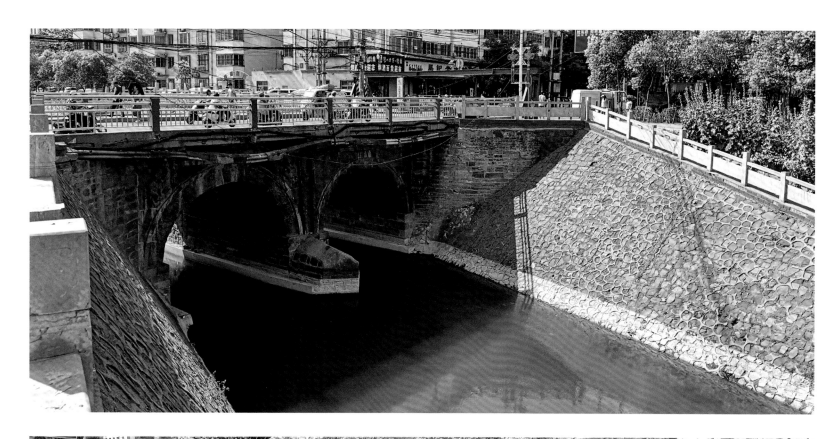

1 熊耳河桥西侧

2 熊耳河桥东侧

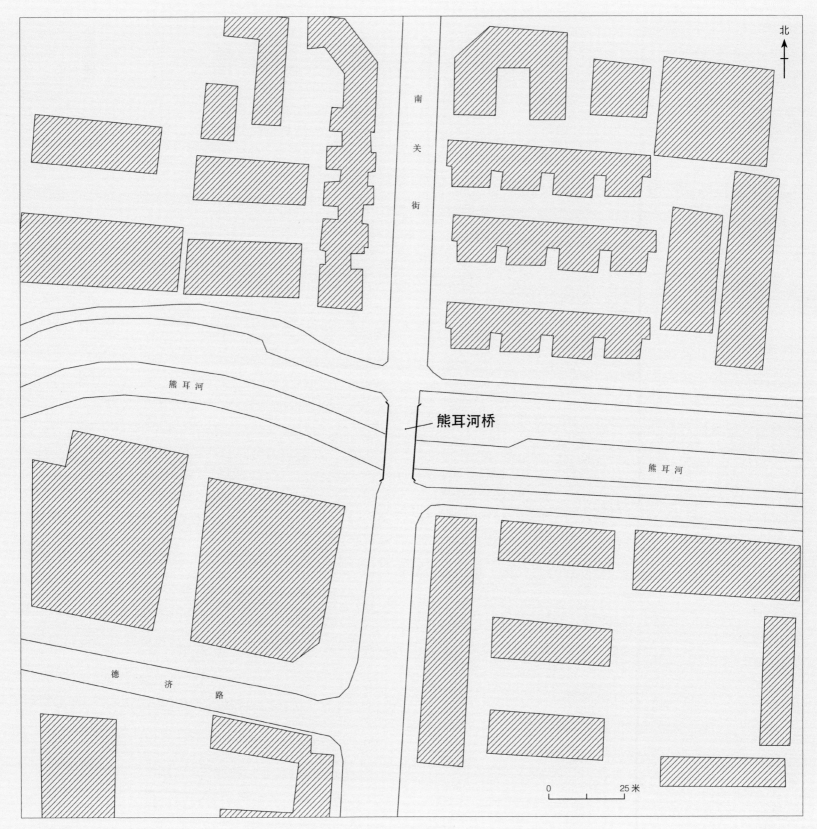

北

南关街

熊耳河

熊耳河桥

熊耳河

德济路

0   25米

熊耳河桥周边环境

1　桥洞

2　3　桥洞局部

当阳桥

当阳桥位于登封市石道乡后河村东，横跨在颍河的支流后河上，修建于 1960 年，为砖石五孔拱券桥，东西长 28 米，南北宽 4.08 米，高 8.4 米。桥孔为两覆两券，石砌桥墩。桥南中间拱券上有"当阳桥"匾额，两侧有对联一副。桥北中间拱券上有"总路线之硕果"石匾。

桥面两侧有女儿墙，女儿墙东西两端自上而下为减砖砌，立面呈梯形。其外壁顶端饰有叠出檐，檐下施砖砌仿木斗，各斗之间又有一层菱角牙子檐。桥墩为砖石混砌结构。当阳桥砖砌仿木斗和菱角檐的运用，采用了中原地方民居的建筑手法，为研究当时的农业生产和社会生活提供了实物资料。

1 当阳桥北侧

2 当阳桥南侧

1 桥洞
2 桥面

1　当阳桥南侧石刻

2　"当阳桥"匾额

3　4　石刻对联

康氏节孝坊

康氏节孝坊位于巩义市河洛镇石板沟村南 200 米，建于清光绪十年（1884 年），为旌表石板沟白锡瑞继室康氏所建。民国十八年版的《巩县志》对康氏事迹有记载。

石坊青石雕刻，坐东向西，是一座三间四楼式牌坊，高 5.5 米，宽 5.5 米。两次间宽 1.08 米，基座高 0.90 米。出檐，雕斗栱，枋间雕"太极图"，檐下正中悬有"圣旨"2 字，"文化大革命"期间被毁。栏板有雕刻。坊楣楷书刻"旌表监生白锡瑞继室康氏节孝坊"，坊阴楣上刻有"建坊序"，并有楹联数副。该石坊结构严谨，造型古朴，雕刻精细，保存较好。

2009 年 6 月，被公布为郑州市文物保护单位。

1 2 石坊细部

王氏节孝坊

　　王氏节孝坊位于巩义市康百万庄园入口处，是一座清代旌表牌坊，系清末由皇帝下旨赐建，建于民国五年（1916年）。

　　牌坊坐北朝南，为四柱三间三楼歇山顶结构。牌坊上题"清旌表节孝武生康道兴妻王氏坊""中华民国五年阳月上浣穀旦"字样。四根坊柱的正背两面镌刻有石雕牌坊对联四副。牌坊的匾额、额枋、花板、屋脊、雀替、抱鼓石等各个部位，均用高浮雕、浅浮雕、镂空透雕等技法雕刻各种吉祥图案、花卉、瑞兽、人物故事等。整座石坊保存完好，设计严谨，雕工精美，内涵丰富，是石牌坊中少有的艺术佳作。

　　据民国二十六年（1937年）的《巩县志》记载："王氏，康店武生康道兴妻，年二十三夫殁。取夫兄子为嗣，守节三十五年。清同治十二年旌表。"

王氏节孝坊

石坊正立面

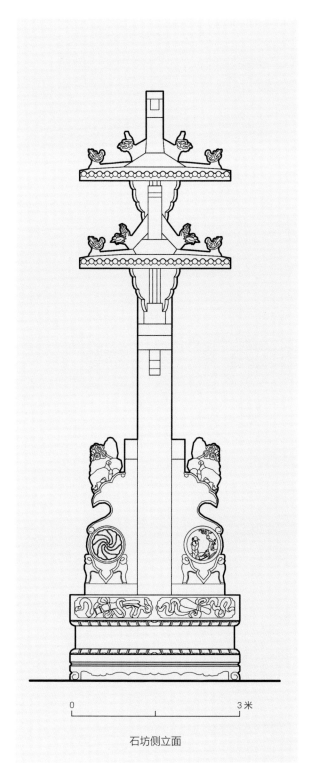

石坊侧立面

①

②

1 2 石坊细部

1 2
3
4

1 2 3 4 枋间石雕

郑州优秀乡土建筑　　　312

 1 石坊顶部

2 3 石雕

郑氏节孝坊

郑氏节孝坊位于巩义市站街镇仓西村东南100米，清道光二十九年（1849年），为旌表已故处士李士海之妻郑氏奉旨而建。石坊坐东向西，四柱三间三楼式，明间高5米，宽3.5米；两次间高约3米，宽约1.25米。庑殿顶，檐下置斗拱，额枋下设栏板，雕刻有八仙庆寿、二十四孝故事、二龙戏珠、狮子滚绣球等图案。

民国十八年（1929年）《巩县志》载："郑氏，仓西李士海妻。年十八归李，五载夫亡。遗二孤。家奇贫，翁姑又相继逝，双柩在堂，藐孤无依，茹痛含辛，艰苦莫状。有利其嫁者，百计憾摇不为动，守节三十二年卒。"

2009年6月，被公布为郑州市文物保护单位。

郑氏节孝坊

郑氏石坊正立面

0　　　　　　　　　　　　　3米

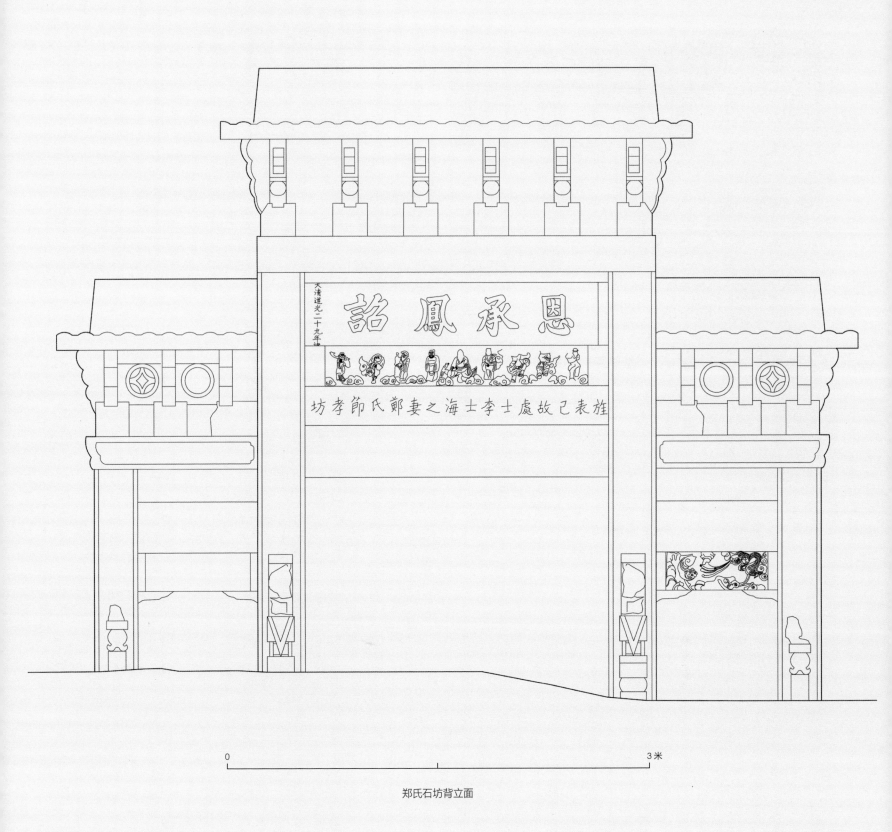

诏鳳承恩

旌表已故處士李士海之妻鄭氏節孝坊

大清道光二十九年造

郑氏石坊背立面

0 3米

枋间石雕

孟氏节孝坊

孟氏节孝坊位于巩义市河洛镇石板沟村。清道光三十年（1850年）为旌表儒童白锡璧妻孟氏奉旨而建。

石坊坐北朝南，为四柱三间三楼式石坊，长6.3米，宽1.2米，现高出地面4.2米。庑殿顶，额枋下设栏板，檐下楼瓦雕刻有"万"字、太极图、八仙庆寿、二十四孝、双龙戏珠、课读图、花卉等图案，背面刻双龙沐狮、龙凤呈祥和卷草花卉等纹饰。

民国十八年（1929年）《巩县志》载："孟氏，石板沟白锡璧妻。年二十二夫亡，抚孤绕阳成立。咸丰某年旌表。"

2009年6月，被公布为郑州市文物保护单位。

1 石坊正面

2 石坊背面

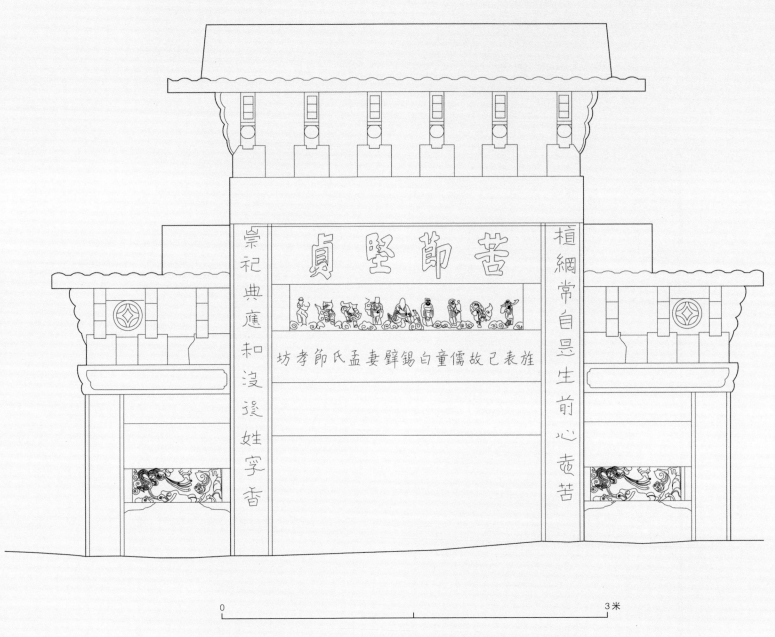

苦節堅貞

崇祀典應和沒後姓字香

植綱常自是生前心志苦

坊孝節氏孟妻辟錫旌童儒故己表旌

孟氏节孝坊正立面

0   3米

公川人和寨

公川人和寨位于巩义市夹津口镇公川村，建于民国十七年（1928年），坐落于山顶，三面绝壁，坐北朝南，东西宽50米，南北长60米，面积约3000平方米。现存四面寨墙和南、北两个寨门，寨墙最高处7米，最低处1米，两寨门相距约50米。靠西、南寨墙内建有两层青石垒砌的窑洞39孔。

据民国十八年（1929年）《巩县志》卷三记载："八十五里瓦公川，有人和寨。"公川人和寨挺拔独特，山势险要，四周风景秀丽，现被改造成一处寺庙，名为"石佛寺"。

2007年12月，被公布为巩义市文物保护单位。

人和寨寨门

北

巩登公路

图 例
房屋
古建筑
陡崖
等级公路
乡村路
小路
灌木林
半荒植物地
植物稀少地
双线沟渠

0   50 米

人和寨周边环境

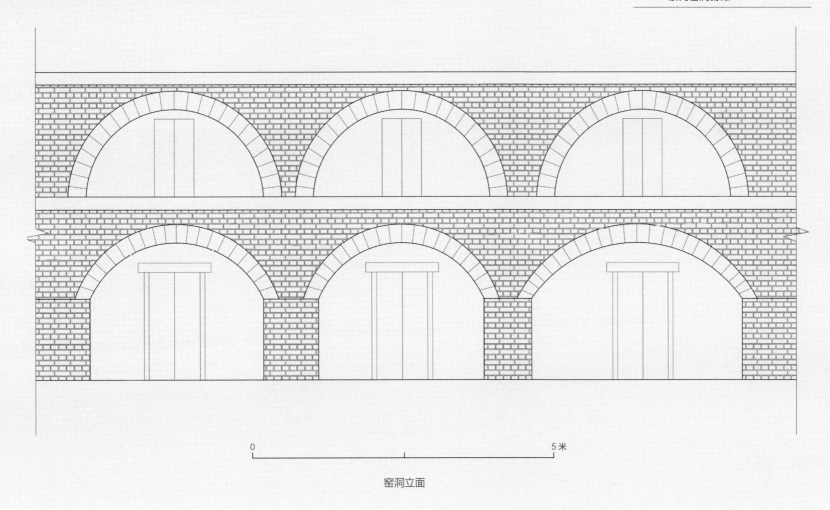

0   5米

窑洞立面

风后岭石寨墙

风后岭石寨墙位于新郑市具茨山风后岭顶部，由南北两座城组成，呈8字形连环寨城式。寨墙由石块垒砌而成，依山势砌筑，蜿蜒起伏，巍峨壮观，周长4千米，宽2～4米，高2.5～5米。现保存有城门多座，在南城门外门头上残存有漫漶不清的明代修复的字迹。

寨墙充分利用自然地形地貌修建，与山体有机结合，省工省时，具有很好的防御效果。寨墙内修建有大量的石砌建筑，现仅存高低不等的残垣断壁，但眉目尚清，体系完整。建筑基址一般多呈长方形，三间为一组，每间长5米，宽3～4米，残高在0.8～1.2米之间，最高者达2.6米左右。建筑遗迹面积之大、数量之多，令人惊叹。

寨门

寨门内景

❶
❷ ❸

1 2 3 石寨墙局部

后 记

　　文化遗产是全社会全人民的宝贵财富，人民群众创造了优秀的历史文化，还要将它们传承下去。自党的十八大以来，习近平总书记多次就文物保护工作作出重要指示批示，视文化遗产是中华民族的"金色名片"。河南省郑州市各级党委、政府近年来也采取了各项具体措施，不断加大文化遗产保护的力度。

　　保护、传承和利用乡土建筑是尊重、敬畏、传承和弘扬优秀传统文化、增强文化自信、助力郑州国家中心城市建设的重要举措。这些建筑历经岁月沧桑保存至今，实属不易。正是有了它们的存在，才使我们还可以看到20世纪初、明清甚至更早时代的各类建筑、村落、街道等，还能睹物唤起我们尘封已久的记忆，还能看到和体会那些时代人们的内心思想和精神气息！

　　《郑州优秀乡土建筑》一书原计划是作为笔者的博士论文的基础资料的，随着郑州市文物考古研究院开展的"郑州传统建筑调查与保护项目"资料整理，我们发现郑州的乡土建筑非常丰富，并且具有非常高的学术、历史和艺术价值，应该单独成书，使社会和公众对于郑州的乡土建筑、乡土文化能有一个较为概括的认识。于是我们选取了部分具有代表性、保存较好的优秀建筑，以图片为主，辅以专业的建筑测绘制图，并有较为简洁明晰的介绍文本。

　　本书收录了具有郑州地方传统文化特色建筑45处，共分四个部分，内容涵盖了庄园、祠堂、传统民居、传统村落、历史街区、楼、桥、石坊等建筑。此书由焦建涛、申珺、肖海博同志整理编辑；在资料整理过程中，先后参与的人员还有荆学峰、刘淑霞、于晓双等；科学出版社的张亚娜编辑为本书的出版付出了辛勤的劳动。在此，一并表示诚挚的谢意。

　　由于时间有限，还有一些优秀乡土建筑未及纳入，编写过程中可能也还存有不足，好在我们已启动了《郑州近现代建筑暨传统村落测绘图集》的编写工作，相信不久会有更详实的文本呈现给大家！

2018 年 10 月 29 日